Shruti Karkra

Análise do sinal biomédico (ECG) utilizando a transformada de Wavelet

Shruti Karkra

Análise do sinal biomédico (ECG) utilizando a transformada de Wavelet

ScienciaScripts

Imprint
Any brand names and product names mentioned in this book are subject to trademark, brand or patent protection and are trademarks or registered trademarks of their respective holders. The use of brand names, product names, common names, trade names, product descriptions etc. even without a particular marking in this work is in no way to be construed to mean that such names may be regarded as unrestricted in respect of trademark and brand protection legislation and could thus be used by anyone.

Cover image: www.ingimage.com

This book is a translation from the original published under ISBN 978-3-330-34701-4.

Publisher:
Sciencia Scripts
is a trademark of
Dodo Books Indian Ocean Ltd. and OmniScriptum S.R.L publishing group

120 High Road, East Finchley, London, N2 9ED, United Kingdom
Str. Armeneasca 28/1, office 1, Chisinau MD-2012, Republic of Moldova, Europe
Printed at: see last page
ISBN: 978-620-7-73275-3

ÍNDICE DE CONTEÚDOS

LISTA DE ABREVIATURAS 2

INTRODUÇÃO 3

CAPÍTULO: 1 4

CAPÍTULO: 2 7

CAPÍTULO: 3 13

CAPÍTULO: 4 29

CAPÍTULO: 5 33

CAPÍTULO: 6 47

CAPÍTULO: 7 55

Referências 57

Bibliografia 59

Apêndice 60

ECG:	Electrocardiograph
NSR:	Normal Sinus Rythym
AF:	Atrial Flutter
WT:	Wavelet Transform
DWT:	Discrete Wavelet Transform
AV:	Atrioventricular
RV:	Right Ventricle
LV:	Left Ventricle
RA:	Right Atrium
LA:	Left Atrium

INTRODUÇÃO

Os electrocardiogramas (ECGs) são sinais que têm origem na ação do coração humano. O ECG é a representação gráfica da diferença de potencial entre dois pontos da superfície corporal, em função do tempo. Cada batimento cardíaco é um complexo de eventos cardiológicos distintos, representados por características distintas na forma de onda do ECG. Os registos de ECG são examinados por um médico que verifica visualmente as características do sinal e estima os parâmetros mais importantes do sinal. Utilizando esta experiência, o médico avalia o estado de um doente. Por conseguinte, o reconhecimento e a análise dos sinais de ECG é uma tarefa muito importante. Isto pode ser difícil, porque o tamanho e a forma destes sinais podem mudar eventualmente e podem ser objeto de ruído. Segue-se um **resumo do capítulo incluído no relatório.**

No primeiro capítulo é apresentado o historial do trabalho realizado neste domínio, bem como a motivação para este trabalho.

O segundo capítulo **introduz** o sinal ECG e os parâmetros mais importantes (do ponto de vista do processamento digital de sinais): ondas, durações e intervalos.

O Terceiro Capítulo introduz brevemente a história da transformada wavelet e a teoria da transformada wavelet (WT) como um ramo jovem da matemática aplicada extensivamente desenvolvido nos últimos dez anos e mostra algumas aplicações promissoras no processamento de sinais.

O quarto capítulo inclui uma breve discussão sobre a ferramenta utilizada.

O quinto capítulo **explica** o pré-processamento e a extração de características do sinal ECG, ou seja, a conversão do ficheiro .jpg para .mat e a remoção do ruído e de outros artefactos do sinal em bruto. Finalmente, a deteção do parâmetro principal de um sinal ECG juntamente com a amplitude da sua posição.

O sexto capítulo discute as doenças com base no desvio da posição e da amplitude das ondas R, P e T.

O sétimo capítulo contém as conclusões gerais sobre a eficiência do algoritmo e algumas ideias para trabalhos futuros.

CAPÍTULO: 1

1.1 Motivação:

O projeto tem como objetivo o desenvolvimento do melhor método de análise de um sinal ECG e a deteção de doenças utilizando o algoritmo matemático proposto. O ECG é a técnica mais utilizada para a deteção e diagnóstico de doenças cardíacas. Qualquer anomalia na atividade do coração pode ser observada no ECG. O ECG reflecte o estado do coração e, portanto, é como um indicador das condições de saúde de um ser humano. O ECG, se for corretamente analisado, pode fornecer-nos informações sobre várias doenças relacionadas com o coração. Cada parte da forma de onda do ECG contém informações que são relevantes para o médico chegar a um diagnóstico correto. Por exemplo, a presença e a ausência da onda P apontam para uma doença cardíaca, do mesmo modo que a variação da amplitude das ondas P e T também aponta para doenças cardíacas graves. Por conseguinte, é óbvio que as várias morfologias, configurações temporais e amplitudes são a base para caraterizar a forma de onda do ECG como normal ou anormal. No entanto, sendo o ECG um sinal não estacionário, as irregularidades podem não ser periódicas e podem aparecer em intervalos diferentes. A observação clínica do ECG pode, por isso, demorar longas horas e ser muito fastidiosa. Além disso, não se pode confiar na análise visual. A tarefa do processamento digital de sinais consiste em fornecer estimativas exactas e fiáveis destas grandezas. A maioria das técnicas utiliza a representação dos sinais ECG no domínio da frequência ou do tempo. Mas o maior problema enfrentado pelos codificadores é a grande variação nas morfologias dos sinais de ECG. Além disso, temos de ter em conta as limitações de tempo. Assim, o nosso objetivo básico é criar um método simples com menos tempo de computação sem comprometer a eficiência. Não existem técnicas em DSP para analisar sinais não estacionários como este. Nos nossos estudos utilizámos a transformada wavelet como o método mais adequado para analisar o ECG. Utilizámos a Transformada de Wavelet Discreta devido à sua eficiência e simplicidade. No geral, tentámos minimizar o tempo de computação e maximizar a eficiência.

1.2 Pesquisa bibliográfica:

O ECG é caracterizado por uma sequência de ondas recorrentes de ondas P, QRS e T associadas a cada batimento. O QRS é a forma de onda mais marcante que contém a onda R de amplitude máxima. A deteção do QRS é uma questão fundamental na análise do sinal ECG. É o ponto de partida para a análise posterior ou para os esquemas de compressão. Vários algoritmos de deteção do QRS, da onda T e da onda P foram propostos por diferentes especialistas, como o algoritmo baseado na derivada.

J Pan e W.J.Tompkins, "A Real-Time QRS Detection Algorithm", IEEE, Trans.Biomed.Eng. vol.32, pp.230-236, 1985. Neste filtro passa-banda foi utilizado para pré-processar o sinal para reduzir a interferência e foi escolhido um limiar de baixa amplitude para obter uma elevada sensibilidade de deteção [10].

Ken Freeman e Avtaar Singh, "P wave Detection of Ambulatory ECG", Conferência Internacional Anual da IEEE Engineering in Medicine and Biology Society.Vol.13, No.2, 1991[12].

Y.Zehang e G.Hu, "QRS complex detection by the combination of modulus maxima pair and zero crossing point of wavelet transform," in the proc. of the 20th annual conference of IEEE ENG *in* Medicine and Biology society,vol.20,pp.155-156-,0ct 1998[14]representam a inclinação ascendente da onda R como mínimo negativo e a inclinação descendente como máximo. Aqui R identifica-se como o ponto de cruzamento zero entre dois picos positivos e negativos [11].

C.Saritha V.Sukanya, Y.Narasimha Murthy, "ECG Signal Analysis using Wavelet Transforms "Bulg.j.phys.35 (2008) 68-77, descreve a wavelet como uma nova ferramenta poderosa para a eliminação de ruído do sinal ECG. Isso ajuda a identificar as alterações do ECG e proporciona uma resolução óptima da frequência temporal [2].

S.Z.Mehmoodabadi A.Ahmadian, M.D. Abolhasani, M.Eslami J.H.Badgoli, "ECG Feature Extraction using Multiresolution Wavelet Transform," proc. Of 2005 IEEE ,Engineering of medicine and biology,27th annual conference sept 2005 .explica que a wavelet que apresenta semelhanças com o complexo QRS ou que se enquadra bem nos critérios de correlação é considerada a wavelet mãe[5].

D.Benitez, P.A.Gaydecki, A.Zaidi, .A.P. Fitzpatrick. "The use of Hilbert Transform in ECG Signal Analysis," Computers in biology and Medicine, vol.31, pp.399-406, sept2001, explica a remoção da deriva da linha de base do sinal ECG, mas este método é moroso devido ao envolvimento da Transformada de Fourier e da Transformada Inversa de Fourier [9].

Tao Pan, Lei, Zhang, Shumin Zhou, "Detection of ECG Characteristic Points Using Spiline Wavelet", 2010 3rd international conference on biomedical engineering and informatics9BMEI 2010, IEEE, explica o algoritmo com muita precisão na localização da posição do QRS e da onda t, mas este método não é muito útil para remover o desvio da linha de base[8].

J.S.Sahambi, S.N.Tondon, R.K.P.Bhatt, "Using Wavelet Transform For ECG Characterization. "IEEE in Engineering and medicine Biology, 1997, explica a análise multiresolução para um sistema de processamento de sinal digital para análise de ECG [3]

Girisha Garg, Vijandre Singh, J.R.P.Gupta, A.P.Mittal, "Optimal Algorithm for ECG Denoising using Discrete Wavelet Transform "2010, IEEE, explica o método para remover os vários ruídos no sinal bruto CEG [6].

Abed Al Roof Bsou;,Soo-Yeon ji,Kevien Ward,Kayvan Najarian , "Detection of P,QRS,and T Components of ECG using Wavelet Transformation,2009,IEEE,explica o método de utilização de wavelet para detetar o ponto fudicial, o algoritmo proposto mostra uma precisão de 99,5%,99,8%,99,2% na deteção destes parâmetros[1].

P.Sasikala ,R.S.D. Wahidabnu, "Robust R peak and QRS Detection in Electro cardio gram using Wavelet transform",IJACA,vol1 no.6,Dec 2010,utilizam o módulo máximo e o par de cruzamento zero da transformada wavelet para encontrar o complexo QRS[4].

V.S Chouhan, "Identification of wave complexes for analysis of ECG waveform", J.N.V University Jodhpur India, pp.31-37, 2007, explica a deteção das ondas P e T com referência à ativação e desativação do complexo QRS [7].

Victor e Moga M.D., Mariana Moga, Constantin Luca, "wavelet As method For ECG Signal Processing "University of medical and pharmacy Timisoara,2003, explicam a utilização da transformada de wavelet contínua para a análise de ECG e detectam doenças como a isquémia miocárdica e o bloqueio do ramo esquerdo do miocárdio[5].

CAPÍTULO: 2

Aspectos teóricos do ECG:

2.1. Aspectos históricos:

O sinal do eletrocardiograma (ECG) é um dos sinais fisiológicos mais utilizados. Como a atividade do coração pode ser visualizada a partir de um sinal de ECG obtido através da medição da diferença de potencial de dois pontos na pele, o ECG pode fornecer informações cardíacas valiosas. A monitorização e a análise do ECG têm sido uma técnica útil para o diagnóstico de doenças cardíacas há várias décadas.

(a) Na década de 1880:

Já se sabia que cada contração do coração produz alterações eléctricas em todo o corpo. Os fisiologistas tinham dificuldade em encontrar um método para fazer medições imediatas e fiáveis desta atividade. A causa da contração do músculo cardíaco é um impulso elétrico gerado no nódulo sinoatrial. As medições requeriam tanto tempo e tantos cálculos que o aparelho era inútil para fazer observações práticas.

(b) Por volta de 1903:

Einthoven resolveu o problema inventando o seu galvanómetro de fio. O dispositivo consistia num fio muito fino de quartzo mantido num campo magnético. Extremamente sensível, o fio movia-se em reação até à mais pequena corrente eléctrica. Ampliando o fio e registando os seus movimentos em filme, é possível efetuar medições precisas da atividade eléctrica do coração. A atividade eléctrica responde a danos ou perturbações em áreas específicas do coração. Com o conhecimento destes padrões eléctricos, os médicos melhoraram consideravelmente a sua capacidade de monitorizar e diagnosticar irregularidades na função cardíaca.

(c) 1948:

Rune Elmqvist, engenheiro sueco que se formou como médico mas nunca exerceu a profissão, apresenta a primeira impressora a jato de tinta para a transcrição de sinais fisiológicos analógicos. Demonstra a sua utilização no registo de ECGs no Primeiro Congresso Internacional de Cardiologia em Paris, em 1950. A máquina (as monografias) foi desenvolvida por ele na empresa que mais tarde se tornou a Siemens.

(d) Hoje:

Utilizando a tecnologia criada por Einthoven, os médicos fazem regularmente medições pormenorizadas da atividade eléctrica do coração, fixando eléctrodos em pontos específicos do peito, braços e pernas de uma pessoa.

2.2 Coração:

O objetivo do coração é bombear o sangue que banha todos os órgãos do corpo. O sangue transporta oxigénio e nutrientes para os tecidos. Se a ação de bombeamento do coração for interrompida, os órgãos do corpo começam a falhar muito rapidamente. A própria vida depende do funcionamento eficiente do coração.

O coração tem quatro câmaras. Os dois ventrículos (direito e esquerdo) são câmaras musculares que impulsionam o sangue para fora do coração (o ventrículo direito para os pulmões e o ventrículo esquerdo para todos os outros órgãos). As duas aurículas (direita e esquerda) retêm o sangue que regressa ao coração e, no momento certo, esvaziam-se nos ventrículos direito e esquerdo.

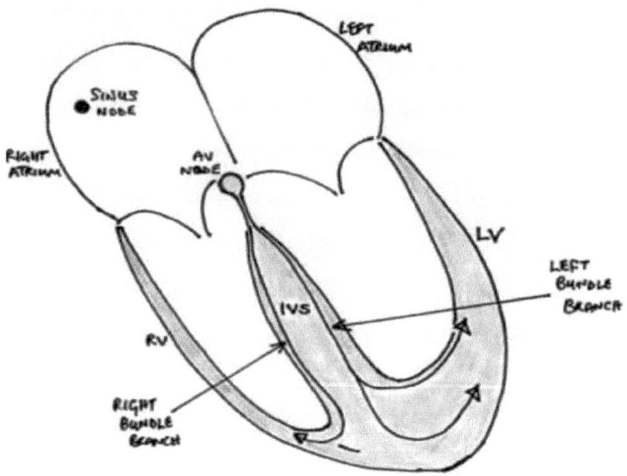

Figura 1:- Estrutura do sistema de condução

O ciclo cardíaco normal começa com a despolarização espontânea do nó sinusal, uma área de tecido especializado situada no átrio direito alto (AD). Uma onda de despolarização eléctrica propaga-se então através do AD e do septo inter-atrial para a aurícula esquerda (AE).

Os átrios são separados dos ventrículos por um anel fibroso eletricamente inerte, de modo que, no coração normal, a única via de transmissão da despolarização elétrica dos átrios para os ventrículos é através do nó atrioventricular (AV). O nódulo AV atrasa o sinal elétrico durante um curto período de tempo e, em seguida, a onda de despolarização propaga-se pelo septo interventricular (SIV), através do feixe de His e dos ramos direito e esquerdo do feixe, para os ventrículos direito (VD) e esquerdo (VE). Assim, com uma condução normal, os dois ventrículos contraem-se simultaneamente, o que é importante para maximizar a eficiência cardíaca?

Após a despolarização completa (resulta em contração) do coração, o miocárdio tem de repolarizar (a carga negativa interna é restaurada e as células regressam ao seu estado de repouso) antes de estar pronto para despolarizar novamente para o ciclo cardíaco seguinte.

2.3 Visão geral do ECG:

O ECG não é mais do que o registo da atividade eléctrica do coração. Os desvios dos padrões eléctricos normais indicam várias doenças cardíacas. As células cardíacas, em estado normal, são polarizadas eletricamente, estando cada célula cardíaca rodeada e preenchida com soluções de sódio (Na+), potássio (K+) e cálcio (Ca++). O interior da membrana celular é considerado negativo em relação ao exterior em condições de repouso. Quando é gerado um impulso elétrico no coração, a parte interior torna-se positiva em relação ao exterior. Esta mudança de polaridade é designada por despolarização. Após a despolarização, a célula volta ao seu estado inicial. Este fenómeno chama-se repolarização. O ECG regista o sinal elétrico do coração à medida que as células musculares se despolarizam (contraem) e repolarizam. O ECG regista a atividade eléctrica do coração, em que cada batimento cardíaco é apresentado como uma série de ondas eléctricas caracterizadas por picos e vales. Qualquer ECG fornece dois tipos de informação. A primeira é a duração da onda eléctrica que atravessa o coração, que por sua vez decide se a atividade eléctrica é normal, lenta ou irregular, e a segunda é a quantidade de atividade eléctrica que atravessa o músculo cardíaco, que permite determinar se as partes do coração estão demasiado grandes ou sobrecarregadas.

No entanto, sendo os sinais ECG de natureza não estacionária, é muito difícil analisá-los visualmente. Assim, são necessários métodos baseados em computador para a análise do sinal ECG.

Muito trabalho tem sido feito no domínio da análise do sinal ECG utilizando várias abordagens e métodos. No entanto, o princípio básico de todos os métodos envolve a transformação do sinal de ECG utilizando diferentes técnicas de transformação, incluindo a transformada de Fourier, a transformada de Hilbert, a transformada de Wavelet, etc. Os sinais fisiológicos, como o ECG, são considerados quase periódicos por natureza. Têm uma duração finita e não são estacionários. Por conseguinte, uma técnica como a série de Fourier (baseada em sinusóides de duração infinita) é ineficaz para o ECG.

O método anterior de análise do sinal ECG baseava-se em métodos de domínio do tempo e nem sempre era suficiente para estudar todas as características dos sinais ECG. Por isso, é necessária a representação da frequência de um sinal. O ECG varia no tempo, pelo que é essencial uma descrição exacta dos conteúdos de frequência do ECG de acordo com a sua localização no tempo. Isto justifica a utilização da representação tempo-frequência na electrocardiologia quantitativa. Por isso, optámos por uma técnica mais adequada para ultrapassar este inconveniente entre as várias transformações de frequência temporal.

2.3.1 Os parâmetros padrão do ECG:
O sinal de ECG é caracterizado por cinco picos e vales rotulados pelas letras P, Q, R, S, T. Em alguns casos, usamos também um outro pico chamado U (com uma origem incerta). O desempenho do sistema de análise do ECG depende principalmente da deteção precisa e fiável do complexo QRS, bem como dos picos (ondas) T, P e R.

Um traçado típico de ECG da tensão de base do eletrocardiograma é conhecido como a linha isoeléctrica. Ela é medida como a porção do traçado que segue a onda *T* e precede a onda *P* seguinte. O ciclo cardíaco começa com a onda P, que corresponde ao período de despolarização atrial no coração. Esta é seguida pelo complexo QRS, que é normalmente a caraterística mais relevante (reconhecível) de uma forma de onda de ECG. O ponto final da onda T representa o fim do ciclo cardíaco (presumindo a ausência da onda U).

Onda P - A onda P representa a despolarização auricular esquerda e direita e é uma deflexão inicial positiva de baixa amplitude que precede o complexo QRS. A onda P representa a ativação das câmaras superiores do coração.

Complexo QRS - O complexo QRS é o resultado combinado da repolarização dos átrios e da despolarização dos ventrículos, que ocorrem quase simultaneamente, o complexo QRS e a onda T representam a excitação dos ventrículos ou da câmara inferior do coração. A deteção do complexo QRS é a tarefa mais importante na análise automática do sinal ECG, pois o complexo QRS contém a onda R de maior amplitude. Uma vez identificado o complexo QRS, pode ser efectuado um exame mais detalhado do sinal ECG.

Onda T - A onda T é a onda de repolarização ventricular, na verdade ela informa o período de repolarização ventricular. Uma vez que a taxa de repolarização é mais lenta do que a despolarização, a onda T é larga, tem um curso ascendente lento e regressa rapidamente à linha isoeléctrica após o seu pico. Assim, a onda T é assimétrica e a amplitude é variável. A onda T acompanha o complexo QRS.

Onda U - A onda U, se presente, é geralmente considerada como resultado de pós-potenciais no músculo ventricular. A causa exacta desta onda é incerta, embora tenha sido sugerido que representa uma repolarização retardada do sistema His-Purkinje, e pode ser vista de forma proeminente na hipocalcemia grave.

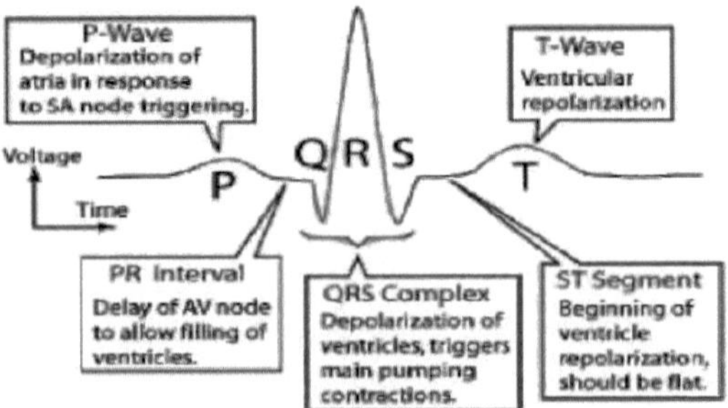

Figura2:- Parâmetros do ECG

O eletrocardiograma é um registo gráfico ou uma visualização das tensões variantes no tempo produzidas pelo miocárdio durante o ciclo cardíaco. A duração (tempo entre o início e o fim) de determinados parâmetros do ECG (designada por intervalo de tempo) é de grande importância, uma vez que fornece uma medida do estado do coração e pode indicar a presença de determinadas condições cardiológicas.

Normalmente, a gama de frequência de um sinal ECG é de 0,05-100 Hz e a sua gama dinâmica de 1-10 mV.

No ritmo sinusal normal (estado normal do coração), o intervalo P-R, o intervalo QRS e a amplitude dos picos P, Q e R são especificados (valor fixo). Assim, a partir da forma registada do ECG, podemos dizer se a atividade cardíaca é normal ou anormal, pelo que a duração, a amplitude e a morfologia das ondas R, P e T do complexo QRS são úteis no diagnóstico de arritmias cardíacas, anomalias de condução e várias doenças cardíacas.

2.3.2 Amplitude:

Onda P - 0,15-0,25 mV

Onda R - 1,60 mV

Onda Q - 25% Onda R

Onda T - 0,1 a 0,5 mV

2.3.3. Duração:

Intervalo P-R: 0,12 a 0,20 s

Intervalo Q-T: 0,35 a 0,44 s

Intervalo S-T: 0,05 a 0,15 s

Intervalo da onda P: 0,11 s

Intervalo QRS: 0,09 s

2.3.4 Intervalos:

Intervalo PR - O intervalo PR é medido desde o início da onda P até a primeira parte do complexo QRS. Inclui o tempo de despolarização atrial (a onda P), a condução através do nó AV e a condução através do sistema de His-Purkinje.

Segmento ST - O segmento ST ocorre após o término da despolarização ventricular e antes do início da repolarização. É um momento de silêncio eletrocardiográfico. A parte inicial do segmento ST é denominada ponto J.

Intervalo QT - O intervalo QT consiste no complexo QRS, que representa apenas uma breve parte do intervalo, e no segmento ST e na onda T, que são de maior duração.

Outras técnicas de diagnóstico, como a angiografia e a ecocardiografia, podem fornecer informações não disponíveis no ECG.

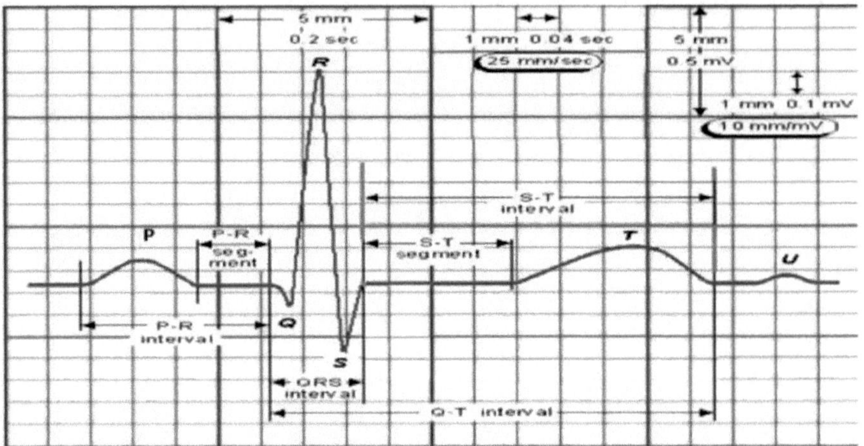

Figura3:-Picos e intervalos

CAPÍTULO: 3

TEORIAS DE WAVELET

3.1 VISÃO GERAL DAS WAVELETS:

A transformada de wavelet é um ramo jovem da matemática que provou ser uma ferramenta eficiente para a análise de sinais não estacionários. Uma wavelet é uma função matemática útil no processamento digital de sinais e no processamento de imagens. A utilização de wavelets para estes fins é um desenvolvimento recente, embora a teoria não seja nova. No processamento de sinais, as wavelets permitem recuperar sinais fracos do ruído.

A ideia fundamental por detrás das wavelets é analisar o sinal de acordo com a escala (esticando ou encolhendo a wavelet no tempo). As wavelets são funções matemáticas que cortam os dados em diferentes componentes de frequência e, em seguida, estudam cada componente com uma resolução correspondente à sua escala. Têm vantagens sobre os métodos tradicionais de Fourier na análise de situações físicas em que o sinal contém descontinuidades e picos acentuados (como no sinal ECG que tem descontinuidades acentuadas (alta frequência em intervalos curtos), bem como sinais não estacionários).

Uma wavelet é uma oscilação semelhante a uma onda com uma amplitude que começa em zero, aumenta e depois volta a diminuir para zero. Geralmente, as wavelets são criadas propositadamente para terem propriedades específicas que as tornam úteis para o processamento de sinais. As wavelets podem ser combinadas, utilizando uma técnica de "inverter, deslocar, multiplicar e somar" chamada convolução, com partes de um sinal desconhecido para extrair informações do sinal desconhecido. Na análise de ondaletas, a *escala* que utilizamos para analisar os dados desempenha um papel especial: se analisarmos um sinal com uma janela grande, notamos características grosseiras. Da mesma forma, se olharmos para um sinal com uma janela pequena", notamos características pequenas. O resultado da análise de wavelets é ver tanto a floresta *como* as árvores. Este facto torna as wavelets interessantes e úteis. O procedimento de análise de ondaletas consiste em adotar uma função protótipo de ondaleta, designada por *ondaleta de análise* ou *ondaleta-mãe*.

3.2.1 PERSPECTIVA HISTÓRICA:

Descrevemos aqui a história das wavelets e algumas aplicações interessantes, como a compressão de imagens, os tons musicais e a eliminação de ruído em dados ruidosos.

(a) PRÉ-1930:

Antes de 1930, o principal ramo da matemática que conduziu às wavelets começou com Joseph Fourier (1807) e as suas teorias de análise frequencial, atualmente designadas por síntese de Fourier. A afirmação de Fourier desempenhou um papel essencial na evolução das ideias que os matemáticos tinham sobre as funções. Abriu a porta a um novo universo funcional. Depois de 1807, ao explorar o significado das funções, a convergência das séries de Fourier e os sistemas ortogonais, os matemáticos passaram gradualmente da noção anterior de análise de frequências para a noção de análise de escalas.

A primeira menção a wavelets surgiu num apêndice à tese de A. Haar (1909). Uma propriedade da ondaleta de Haar é o facto de ter um suporte compacto, o que significa que desaparece fora de um intervalo finito. Infelizmente, as wavelets de Haar não são continuamente diferenciáveis, o que limita um pouco as suas aplicações.

(b) A década de 1930:

Na década de 1930, vários grupos que trabalhavam de forma independente investigaram a representação de funções utilizando funções de base com variação de escala. A compreensão dos conceitos de funções de base e de funções de base com variação de escala é fundamental para a compreensão das wavelets.

Utilizando uma função de base variável à escala chamada função de base de Haar, Paul Levy, um físico dos anos 30, investigou o movimento browniano, um tipo de sinal aleatório. Considerou a função de base de Haar superior às funções de base de Fourier para estudar pequenos detalhes complicados no movimento browniano. Outro esforço de investigação da década de 1930 por Littlewoods, Paley e Stein envolveu o cálculo da energia de uma função f(x):

$$energy = \frac{1}{2} \int_{0}^{2\pi} |f(x)|^2 dx$$

O cálculo produziu resultados diferentes se a energia estivesse concentrada em torno de alguns pontos ou distribuída por um intervalo maior. Este resultado perturbou os cientistas porque indicava que a energia poderia não ser conservada. Os investigadores descobriram uma função que pode variar em escala e pode conservar

energia ao calcular a energia funcional. O seu trabalho forneceu a David Marr um algoritmo eficaz para o processamento numérico de imagens utilizando wavelets no início da década de 1980.

(c) 1960-1980:

Em 1980, Grossman e Morlet, um físico e um engenheiro, definiram em termos gerais as wavelets no contexto da física quântica. Estes dois investigadores forneceram uma forma de pensar as wavelets baseada na intuição física.

(d) PÓS-1980:

Em 1985, Stephane Mallat deu um impulso adicional às wavelets através do seu trabalho em processamento digital de sinais. Descobriu algumas relações entre filtros de espelho de quadratura, algoritmos de pirâmide e bases de wavelets ortonormais. Inspirado em parte por estes resultados, Y. Meyer construiu as primeiras wavelets não triviais. Ao contrário das wavelets de Haar, as wavelets de Meyer são continuamente diferenciáveis

Alguns anos mais tarde, Ingrid Daubechies utilizou o trabalho de Mallat para construir um conjunto de funções de base ortonormal de ondaletas que são talvez as mais elegantes e se tornaram a pedra angular das aplicações de ondaletas actuais.

3.2.2 Algumas aplicações das wavelets são:

(a) Armazenamento de impressões digitais do FBI

(b) Deteção de bordos em imagens

(c) Transformação de imagens

(d) Marcação de água de imagens

(e) Denotização do sinal

(f) Análise de dados sísmicos

(g) Estimação de funções de densidade de probabilidade

(h) Modelação de séries cronológicas

(i) Soluções numéricas de equações diferenciais parciais

(j) Astronomia

(k) engenharia nuclear

(l) Codificação de sub-bandas

(m) música

(n) discriminação no discurso

(o) Previsão de sismos

(p) Física quântica

3.3 CONCEITOS GERAIS (pormenores sobre a tecnologia utilizada):

3.3.1 Para compreender a transformada wavelet, primeiro precisamos de saber o que é a transformada e porque é que precisamos dela?

As transformações matemáticas são aplicadas aos sinais para obter mais informações do sinal que não estão prontamente disponíveis no sinal bruto. O sinal em geral é assumido como sendo um sinal no domínio do tempo e é o sinal em bruto, quando é "transformado" por qualquer uma das transformações matemáticas disponíveis, torna-se então o sinal processado. Há um grande número de transformações que podem ser aplicadas, entre as quais as transformações de Fourier são provavelmente as mais populares.

A representação tempo-amplitude do sinal nem sempre é a melhor representação do sinal, porque em muitos casos, a informação mais distinta está escondida no conteúdo de frequência do sinal.

O espetro de frequência de um sinal é basicamente os componentes de frequência (componentes espectrais) ou a frequência existente no sinal. Se a FT de um sinal no domínio do tempo for tomada, a representação frequência-amplitude desse sinal é obtida, o que nos diz quanto do conteúdo de frequência existe no nosso sinal.

3.3.2 Porque é que precisamos da informação sobre a frequência?

Muitas vezes, a informação que não pode ser facilmente vista no domínio do tempo pode ser vista no domínio da frequência. Vamos dar um exemplo de sinais biológicos. Se considerarmos um sinal de ECG, a forma típica de um sinal de ECG saudável é bem conhecida dos cardiologistas. Qualquer desvio significativo dessa forma é normalmente considerado como um sintoma de uma condição patológica. Esta condição patológica, no entanto, pode nem sempre ser óbvia no sinal original no domínio do tempo.

Os cardiologistas utilizam habitualmente os novos gravadores/analisadores de ECG computorizados, que utilizam a informação de frequência para decidir se existe uma condição patológica. Para tal, é aplicada a técnica FFT, que fornece a informação de frequência do sinal, mas não nos diz em que momento do tempo existem esses componentes de frequência. Por conseguinte, a FT não é uma técnica adequada para sinais não estacionários, com uma exceção: A FT pode ser usada para sinais não estacionários, se estivermos apenas interessados em quais componentes espectrais existem no sinal, mas não interessados onde eles ocorrem. No entanto, se esta informação for necessária, ou seja, se quisermos saber que componente espetral ocorre em que tempo (intervalo), então a transformada de Fourier não é a transformada correcta a utilizar.

Como todos os sinais biológicos são não-estacionários. Alguns dos mais famosos são o ECG (atividade eléctrica do coração, eletrocardiograma), o EEG (atividade eléctrica do cérebro, eletroencefalograma) e o EMG (atividade eléctrica dos músculos, eletromiograma). O conteúdo de frequência do sinal biomédico varia no tempo, pelo que é essencial uma ferramenta que possa descrever com precisão a localização temporal e o conteúdo de frequência.

Para justificar a representação tempo-frequência no ECG é proposta uma ferramenta, ou seja, a STFT (Short time Fourier transform) também pode ser usada para determinar os componentes de frequência durante um pequeno período de tempo (dependendo do tamanho da janela). Para este efeito, é escolhida uma função de janela "w". A largura desta janela deve ser igual ao segmento do sinal onde a sua estacionariedade é válida. Esta janela começa no início do sinal e é transformada ao longo de todo o comprimento do sinal, deslocando a janela.

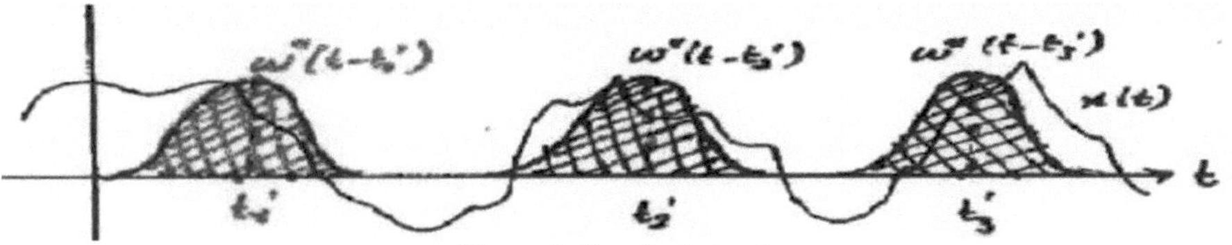

Figura 4:-Função de janela

$$STFT_x^{(\omega)}(t,f) = \int_t [x(t) . \omega^* (t - t')] . e^{-j2\pi ft} dt$$

x(t) é o próprio sinal, w(t) é a função de janela e * é o conjugado complexo. A STFT do sinal não é mais do que a FT do sinal multiplicada por uma função de janela. Para cada t' e f é calculado um novo coeficiente da STFT.

3.3.3 A STFT fornece a resolução tempo-frequência do sinal, porque é que precisamos das transformadas wavelet?

O problema implícito da STFT é que não fornece uma frequência temporal exacta e também não segue o Princípio da Incerteza de Heisenberg. Este princípio, originalmente aplicado ao momento e à localização de partículas em movimento, pode ser aplicado à informação tempo-frequência de um sinal. Simplesmente, este princípio afirma que não se pode saber a representação exacta tempo-frequência de um sinal, ou seja, não se pode saber que componentes espectrais existem em que instâncias de tempo. O que se pode saber são os intervalos de tempo em que determinada banda de frequências existe, o que é um problema de resolução, e é a principal razão pela qual os investigadores mudaram para a WT da STFT.

Uma vez que o STFT não é mais do que uma versão janelada do FT e é também simétrico em frequência, o STFT fornece uma resolução fixa em todos os momentos. Na STFT, a nossa janela tem um comprimento finito, pelo que cobre apenas uma parte do sinal, o que faz com que a resolução em frequência se torne mais pobre. Isto significa que já não sabemos quais são as componentes exactas de frequência que existem no sinal, mas apenas conhecemos uma banda de frequências que existem. Na FT, a função kernel, permite-nos obter uma resolução de frequência perfeita, porque o próprio kernel é uma janela de comprimento infinito.
Na STFT, quanto mais estreita for a janela, melhor será a resolução temporal e melhor será a suposição de estacionariedade, mas pior será a resolução em frequência:

Janela estreita ===>boa resolução temporal, má resolução de frequência.

Janela larga ===>boa resolução de frequência, fraca resolução temporal.

O WT foi desenvolvido como uma alternativa ao STFT. Ele supera todos os inconvenientes do STFT, pois o WT fornece uma resolução variável da seguinte forma: As frequências mais altas são mais bem resolvidas no tempo e as frequências mais baixas são mais bem resolvidas na frequência. Isto significa que uma determinada componente de alta frequência pode ser melhor localizada no tempo (com um erro relativo menor) do que uma componente de baixa frequência. Pelo contrário, uma componente de baixa frequência pode ser mais bem localizada em frequência do que uma componente de alta frequência. A transformada Wavelet é capaz de fornecer a informação de tempo e frequência simultaneamente.

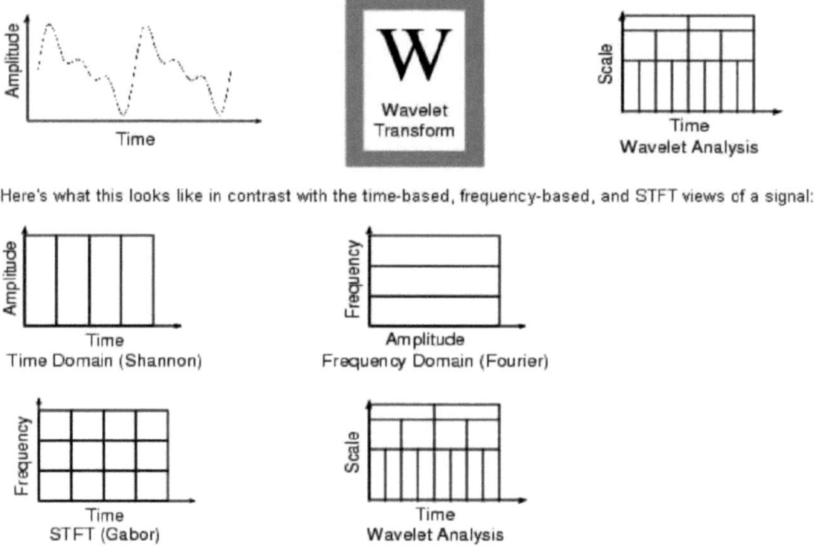

Figura 5:-Comparação de WT, FT e STFT

3.4 ONDA: -

Uma onda é uma função oscilante do tempo ou do espaço e é periódica. Em contraste, as wavelets são ondas localizadas com uma duração efetivamente limitada e com valor médio de zero. Cada wavelet tem a sua própria duração, localização no tempo e banda de frequência. A Transformada de Fourier e a STFT utilizam ondas para analisar sinais e a Transformada de Wavelet utiliza wavelets de energia finita.

A análise wavelet é efectuada de forma semelhante à análise STFT. O sinal a ser analisado é multiplicado por uma função wavelet, tal como é multiplicado por uma função de janela na STFT, e depois a transformada é calculada para cada segmento gerado. No entanto, ao contrário da STFT, na Transformada Wavelet, a largura da função wavelet muda com cada componente espetral (janelas curtas em alta frequência e janelas longas em baixa frequência). A Transformada de Wavelet, a altas frequências, dá uma boa resolução temporal e uma fraca resolução de frequência, enquanto a baixas frequências; a Transformada de Wavelet dá uma boa resolução de frequência e uma fraca resolução temporal.

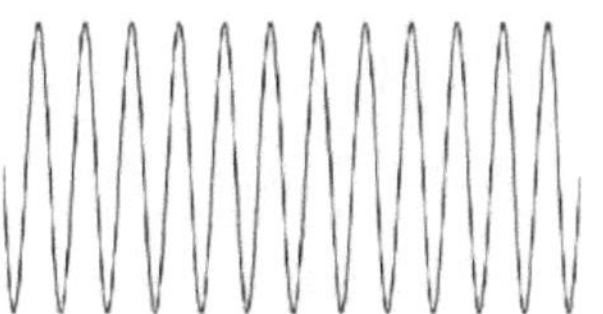 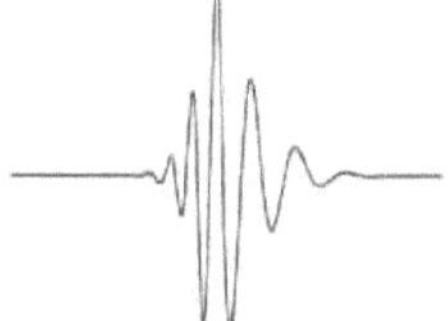

Figura 6:-Wave e Wavelet

3.5 TRANSFORMADA DE WAVELET:-.

A transformada wavelet (WT) tem sido amplamente aceite no processamento de sinais e na compressão de imagens. A transformada wavelet fornece a relação tempo-frequência conjunta. A ideia subjacente a estas representações conjuntas tempo-frequência é cortar o sinal de interesse em várias partes e, em seguida, analisar as partes separadamente. O resultado será uma coleção de representações tempo-frequência do sinal, todas com diferentes resoluções. Devido a esta coleção de representações, podemos falar de análise multiresolução. Assim, a transformada de Wavelet fornece a análise de multi-resolução (MRA), como o seu nome indica, analisa o sinal em diferentes frequências com diferentes resoluções. A MRA foi concebida para dar uma boa resolução temporal e uma fraca resolução de frequência a altas frequências e uma boa resolução de frequência e uma fraca resolução temporal a baixas frequências. Esta abordagem faz sentido especialmente quando o sinal tem componentes de alta frequência para curtas durações e componentes de baixa frequência para longas durações. Felizmente, os sinais que são encontrados em aplicações práticas são frequentemente deste tipo. A transformada de ondaletas classifica-se, em termos gerais, em dois **tipos**: a transformada contínua **(CWT) e a transformada discreta de ondaletas (DWT).**

Na análise de wavelets, fala-se da região da escala de tempo e não da frequência temporal. Por definição, a transformada de wavelet (WT) é definida como a soma de todo o tempo do sinal multiplicado por versões escaladas e deslocadas da função wavelet. Este processo produz coeficientes de wavelet que são função da escala e da posição. Na análise de ondaletas, primeiro escolhe-se a ondaleta-mãe e, em seguida, esta é transladada ao longo do sinal, movendo-se através da alteração da sua escala e posição. A wavelet verifica a sua correlação com a topologia do sinal, se a correlação for elevada significa que obtemos um valor de índice elevado à escala e se não houver correlação obtemos um valor de índice baixo.

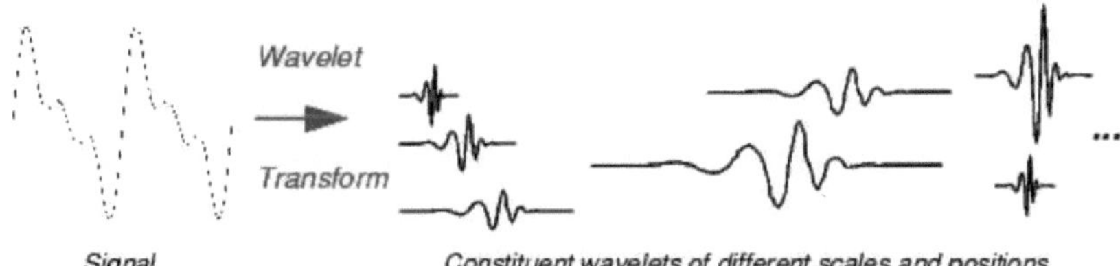

Figura 7:- Escalonamento e deslocação

$$X_w(a,b) = \frac{1}{\sqrt{|a|}} \int_{-\infty}^{\infty} x(t)\psi^* \left(\frac{t-b}{a} \right) dt$$

Onde ψ (t) é uma função contínua tanto no domínio do tempo como no domínio da frequência, designada por wavelet mãe, e * representa a operação de conjugado complexo. O principal objetivo da ondulatória mãe é fornecer uma função de origem para gerar as ondulatórias filhas, que são simplesmente as versões traduzidas e escaladas da ondulatória mãe. Para recuperar o sinal original x (t), pode ser utilizada a transformada de ondaleta contínua inversa.

Em geral, é preferível escolher uma wavelet mãe que seja continuamente diferenciável com uma função de escala compactamente suportada e momentos de fuga elevados. Uma wavelet associada a uma análise multiresolução é definida pelas duas funções seguintes: a função wavelet $\psi(t)$, a wavelet mãe, e a função de escala $\varphi($ $t)$, a wavelet pai.

3.5.1. O que se entende exatamente por escala e deslocação neste contexto?
Escalonamento:

Escalar uma wavelet significa simplesmente esticá-la (ou comprimi-la). Se estivermos a falar de sinusóides, por exemplo, o efeito do fator de escala é muito fácil de ver (figura abaixo).

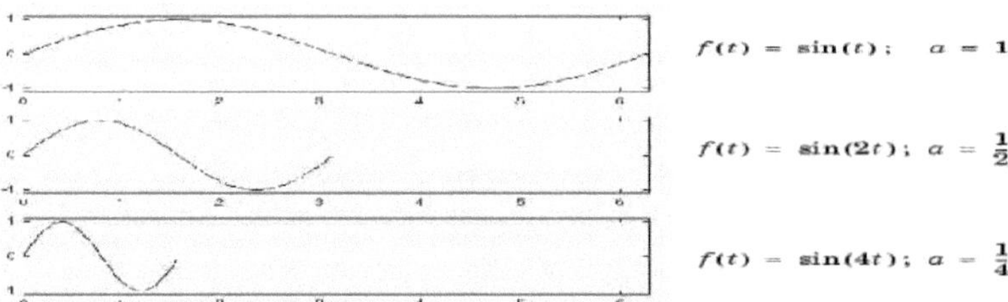

Figura8:-Escalonamento para sinusoide

A **escala** dos parâmetros na análise wavelet é semelhante à escala utilizada nos mapas. Tal como no caso dos mapas, as escalas altas correspondem a uma visão global não detalhada (do sinal) e as escalas baixas correspondem a uma visão detalhada. Da mesma forma, em termos de frequência, as frequências baixas (escalas altas) correspondem a uma informação global de um sinal (que geralmente abrange todo o sinal), enquanto as frequências altas (escalas baixas) correspondem a uma informação detalhada de um padrão oculto no sinal (que geralmente dura um tempo relativamente curto). Quanto mais pequeno for o fator de escala, mais "comprimida" é a wavelet. Na análise de wavelets, a escala está relacionada (inversamente) com a frequência do sinal. As wavelets são definidas pela função wavelet ψ (t) e pela função de escala $\varphi(t)$ no domínio do tempo. A função de escala é a principal responsável por melhorar a cobertura do espetro de wavelets. Isso pode ser difícil, pois o tempo é inversamente proporcional à frequência. Por outras palavras, se quisermos duplicar a cobertura do espetro da wavelet no domínio do tempo, teríamos de sacrificar metade da largura de banda no domínio da frequência.

Em vez de cobrir todo o espetro com um número infinito de níveis, utilizamos uma combinação finita da função de escala para cobrir o espetro. Como resultado, o número de wavelets necessárias para cobrir todo o espetro foi bastante reduzido.

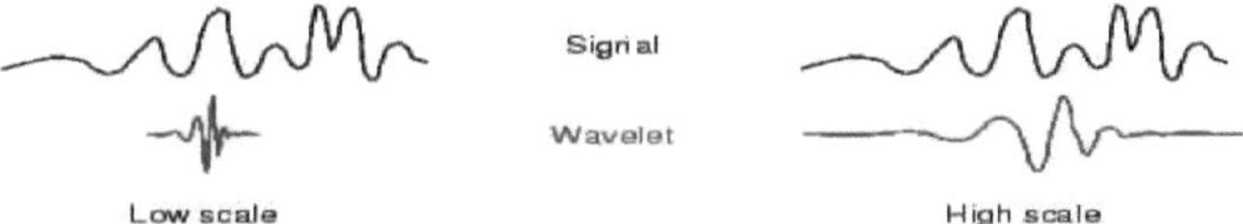

Figura9:-Escalonamento de Wavelet

As escalas mais altas correspondem às wavelets mais "esticadas". Quanto mais esticada for a wavelet, mais longa é a parte do sinal com a qual está a ser comparada e, portanto, mais grosseiras são as características do sinal que estão a ser medidas pelos coeficientes da wavelet.

As escalas mais baixas correspondem às wavelets mais "comprimidas". O fator de escala baixo não dura toda a duração do sinal - uma porção mais pequena do sinal é comparada e podem ser visualizados detalhes minuciosos do sinal.

Assim, existe uma correspondência entre as escalas de wavelet e a frequência, tal como revelado pela análise de wavelet.

" Baixa escala a => wavelet comprimida => Detalhes que mudam rapidamente => Alta frequência [a] .

' Escala elevada a => Wavelet esticada => Características grosseiras e de mudança lenta => Baixa frequência [a] .

Deslocação:

Deslocar uma wavelet significa simplesmente atrasar (ou acelerar) o seu início. Matematicamente, o atraso de uma função f(t) em k é representado por f(t-k).

Figura 10:- Deslocação

3.6 História da DWT

Os princípios básicos da teoria das wavelets foram apresentados num artigo de Gabor em **1945**; é um conceito muito importante para a compressão de dados. A sua utilidade na compressão de imagens tem sido impressionante. Os fundamentos da DWT remontam a **1976**, quando Crosier, Esteban e Galand desenvolveram uma técnica para decompor sinais de tempo discreto.

Crochiere, Weber e Flanagan efectuaram a decomposição da codificação de sinais de voz no mesmo ano. Chamaram ao seu esquema de análise **codificação por sub-banda**.

Em **1983**, Burt definiu uma técnica muito semelhante à codificação de sub-banda e chamou-lhe **codificação piramidal**, também conhecida como análise multiresolução.

Mais tarde, em **1989**, Vetterli e Le Gall introduziram algumas melhorias no esquema de codificação de sub-banda, eliminando a redundância existente no esquema de codificação piramidal.

3.6.1 Transformada de Wavelet Discreta (DWT)

Em análise numérica e análise funcional, uma transformada de wavelet discreta (DWT) é qualquer transformada de wavelet para a qual as wavelets são discretamente amostradas. Tal como acontece com outras transformadas de wavelets, uma vantagem fundamental que tem sobre as transformadas de Fourier é a resolução temporal: capta tanto a informação de frequência como a de localização (localização no tempo). A DWT é uma transformada flexível, ou seja, as wavelets podem ser escolhidas livremente e também tem uma elevada taxa de compressão. A Transformada Discreta de Wavelet (DWT), que se baseia na codificação de sub-bandas, permite um cálculo rápido da Transformada de Wavelet. É fácil de implementar e reduz o tempo de computação e os recursos necessários.

Como já foi referido, na transformada wavelet, os sinais são analisados através de um conjunto de funções de base que se relacionam entre si por simples escalonamento e translação. No caso da DWT, obtém-se uma representação em escala temporal do sinal digital utilizando técnicas de filtragem digital. O sinal a ser analisado é passado através de filtros com diferentes frequências de corte em diferentes escalas, o sinal é passado através de uma série de filtros passa-altas para analisar as altas frequências, e é passado através de uma série de filtros passa-baixas para analisar as baixas frequências.

Utilizando a wavelet de grelha diádica, a transformada wavelet discreta (DWT) pode ser escrita como:

$$T_{m,n} = \int_{-\infty}^{\infty} x(t)\varphi_{m,n}(t)\,dt$$

Onde $T_{m,n}$ é conhecido como o coeficiente wavelet (ou de pormenor) à escala e índices de localização *(m, n)*. A resolução do sinal, que é uma medida da quantidade de informação detalhada no sinal, é alterada pelas operações de filtragem, e a escala é alterada pelas operações de amostragem ascendente e descendente (subamostragem). A DWT é calculada por filtragem sucessiva passa-baixo e passa-alto do sinal discreto no domínio do tempo. A subamostragem (down sampling) de um sinal corresponde à redução da taxa de amostragem, ou à remoção de algumas das amostras do sinal. Por exemplo, a subamostragem por um fator *n* reduz o número de amostras do sinal *n* vezes. A sobreamostragem de um sinal corresponde ao aumento da taxa de amostragem de um sinal através da adição de novas amostras ao sinal. Por exemplo, a sobreamostragem de um sinal por um fator de *n* aumenta o número de amostras no sinal por um fator de *n*.

O procedimento começa com a passagem deste sinal (x[n]) por um filtro passa-baixo digital de meia banda com resposta impulsiva h[n]. A filtragem de um sinal corresponde à operação matemática de convolução do sinal com a resposta ao impulso do filtro. A operação de convolução em tempo discreto é definida da seguinte forma

$$x[n] * h[n] = \sum_{k=-\infty}^{\infty} x[k].h[n-k]$$

Um filtro passa-baixo de meia banda remove todas as frequências que estão acima de metade da frequência mais alta no sinal. Depois disso, metade das amostras pode ser eliminada de acordo com a regra de Nyquist. Simplesmente descartando todas as outras amostras, o sinal será subamostrado por dois, e o sinal terá então metade do número de pontos. A escala do sinal é agora duplicada. Note que a filtragem passa-baixo remove a informação de alta frequência, mas deixa a escala inalterada. Apenas o processo de subamostragem altera a escala.

A resolução, por outro lado, está relacionada com a quantidade de informação no sinal e, por isso, é afetada pelas operações de filtragem. A filtragem passa-baixo de meia banda remove metade das frequências, o que pode ser interpretado como a perda de metade da informação. Por conseguinte, a resolução é reduzida para metade após a operação de filtragem. **Em resumo, a filtragem passa-baixo reduz a resolução para metade, mas deixa a escala inalterada. O sinal é então subamostrado por 2 e a escala duplica.** Este procedimento pode ser matematicamente expresso como

$$y[n] = \sum_{k=-\infty}^{\infty} h[k].x[2n-k]$$

3.6.2 Como é que a DWT é efetivamente calculada?

A DWT analisa o sinal em diferentes bandas de frequência com diferentes resoluções, decompondo o sinal numa aproximação grosseira e numa informação detalhada. A DWT utiliza dois conjuntos de funções, denominadas funções de escala e funções wavelet, que estão associadas aos filtros passa-baixo e passa-alto, respetivamente. A decomposição do sinal em diferentes bandas de frequência é simplesmente obtida por filtragem passa-altas e passa-baixas sucessivas do sinal no domínio do tempo.

Exemplo: - O sinal original x[n] passa primeiro por um filtro passa-alto de meia banda g[n] e por um filtro passa-baixo h[n]. Após a filtragem, metade das amostras podem ser eliminadas de acordo com a regra de Nyquist. O sinal pode, portanto, ser subamostrado por2, simplesmente descartando todas as outras amostras. Isto constitui um nível de decomposição e pode ser matematicamente expresso da seguinte forma

$$yhigh[k] = \sum_n x[n].g\,[2k - n]$$

$$ylow[k] = \sum_n x[n].h\,[2k - n]$$

onde yhigh[k] e ylow[k] são as saídas dos filtros passa-altas e passa-baixas, respetivamente, após a subamostragem por 2. Esta decomposição reduz a resolução temporal para metade, uma vez que apenas metade do número de amostras caracteriza agora o sinal inteiro. No entanto, esta operação duplica a resolução em frequência, uma vez que a banda de frequência do sinal abrange agora apenas metade da banda de frequência anterior, reduzindo efetivamente a incerteza na frequência para metade. O procedimento acima, que também é conhecido como codificação de sub-banda, pode ser repetido para uma decomposição adicional. Em cada nível, a filtragem e a subamostragem resultarão em metade do número de amostras (e, por conseguinte, em metade da resolução temporal) e em metade das bandas de frequência abrangidas (e, por conseguinte, no dobro da resolução em frequência). A figura abaixo ilustra este procedimento, onde x[n] é o sinal original a ser decomposto, e h[n] e g[n] são os filtros passa-baixo e passa-alto, respetivamente. A largura de banda do sinal em cada nível é assinalada na figura como "f". O processo de decomposição pode ser iterado, com aproximações sucessivas a serem decompostas por sua vez, de modo a que um sinal seja dividido em muitos componentes de menor resolução. A isto chama-se a árvore de decomposição wavelet.

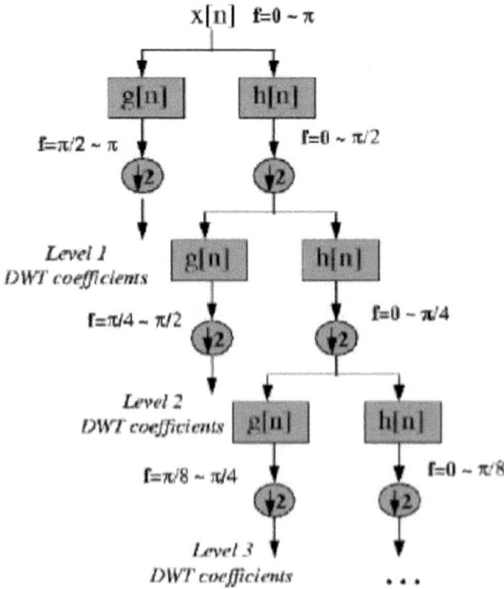

Figura11:- Árvore de decomposição

A DWT do sinal original é então obtida pela concatenação de todos os coeficientes a partir do último nível de decomposição (neste caso, as duas amostras restantes). A DWT terá então o mesmo número de coeficientes que o sinal original. Com esta abordagem, a resolução temporal torna-se arbitrariamente boa em altas frequências, enquanto a resolução em frequência torna-se arbitrariamente boa em baixas frequências. O processo de filtragem e decimação é continuado até se atingir o nível desejado. O número máximo de níveis depende do comprimento do sinal. Na prática, a informação principal do sinal encontra-se nas altas frequências. A localização temporal destas frequências será mais precisa, uma vez que são caracterizadas por um maior número de amostras. Este procedimento oferece uma boa resolução temporal em altas frequências e uma boa resolução de frequência em baixas frequências. A maioria dos sinais práticos encontrados são deste tipo.

3.6.3 Árvore de decomposição e reconstrução na DWT:

Como já foi referido, a DWT utiliza dois conjuntos de funções, ou seja, a função de escala e a função wavelet. Para efetuar a DWT, é necessário obter uma versão passa-baixo (função de escala) e uma versão passa-alto (função wavelet) da curva e separar a informação passa-alto e passa-baixo. Em resumo, tratamos a transformada wavelet como se fosse um banco de filtros. E iteramos para baixo ao longo da sub-banda de passagem baixa. Os dados passa-baixo são tratados como um sinal por direito próprio e são subdivididos nas suas próprias sub-bandas baixa e alta. O processo de decomposição pode ser iterado, com aproximações sucessivas a serem decompostas por sua vez, de modo a que um sinal seja dividido em muitos componentes de resolução inferior. A DWT do sinal original é então obtida através da concatenação de todos os coeficientes, a[n] e d[n], a partir do último nível de decomposição, formando assim a árvore de reconstrução.

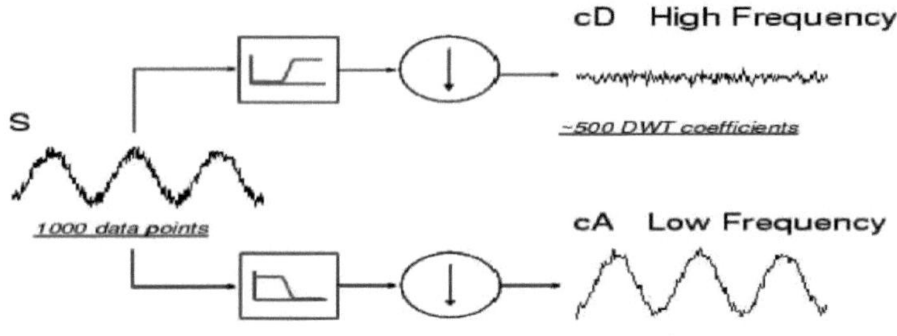

Figura 12:-Decomposição por HPF, LPF (composta por aproximações e coeficiente detalhado)

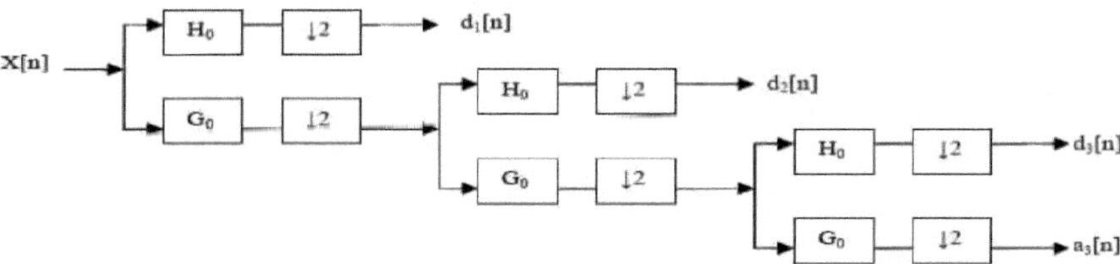

Figura13:- Árvore de decomposição

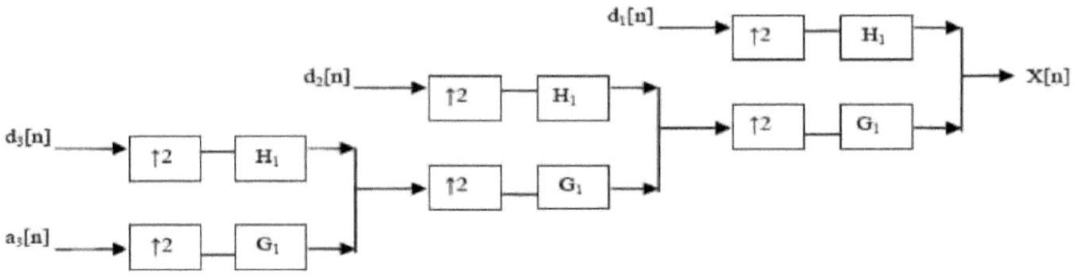

Fig 14:- Árvore de reconstrução

3.6.7 Propriedades da DWT:

Escala: Funciona à escala dinâmica ou diádica

Família de Wavelets: ortogonal, haar, família db, coif etc

Computação: Complexo Small e Lass

Deteção: detecta facilmente, boa orientação

Aplicação: redução de ruído, extração de características, limiarização, caraterização

3.6.8 Comparação entre diferentes métodos de frequência temporal:

No nosso projeto, utilizámos a transformada wavelet como método de análise dos sinais ECG devido às suas enormes vantagens. Existem vários métodos de frequência temporal que podem ser utilizados para o mesmo fim.

Um bom algoritmo é aquele que tem as duas propriedades seguintes.

1. Boa SNR de modo a obter um registo limpo e visível, que ajude a detetar claramente as características do ECG.

2. Preservação da forma original do sinal.

Muitos investigadores escreveram artigos utilizando as diferentes abordagens. Aqui apresentamos uma comparação breve e precisa entre estes métodos.

Nome do método	Clareza	Prazo cruzado	Computacional Complexidade
STFT (Curto Prazo Transformada de Fourier)	Pior (difícil de analisar)	Não (evitar a confusão entre componente real e ruído).	Baixa mas viola o princípio da incerteza de Heisenberg

Distribuição de Wigner Ville	Melhor, bom tempo Resolução de frequência	Sim	Elevado
Distribuição de Gobor Wigner	Bom	Eliminado	Elevado
Transformada de Wavelet	Melhor (representação conjunta do tempo e da frequência)	Não	Moderado
Fourier fracionário Transformar	FT generalizado, boa clareza, usado para sinais que variam no tempo	Não	Baixo custo, menos complexo.

Quadro 1

Nome do método	Imóveis	Vantagens	Desvantagens
ANN (Artificial Rede Neural)	Com base no algoritmo de identificação	Exatidão	Demora muito tempo devido ao grande número de regras e aos grandes requisitos de dados
HMM(Hidden Modelo de Markov)	Com base na densidade de probabilidade do declive do sinal		Não é possível dizer após quantas iterações os sinais foram totalmente treinados.
EMD (Empherical Mede Distribution)		Detetar com precisão as ondas P monofásicas	Não é possível detetar as ondas P bifásicas.
Distribuição de Cohen	Funciona com base em critérios energéticos	Nenhum termo cruzado	Compensação entre qualidade e capacidade de remoção a prazo

| TFDT (Tempo Dependente da frequência Limiar) | Funciona com base na representação do tempo e da frequência | Detetar claramente as ondas de alta amplitude | A forma das ondas de baixa amplitude corrompe |

Quadro 2

CAPÍTULO: 4

Ambiente de programação

4.1Visão geral do MATLAB:

O MATLAB é uma linguagem de alto desempenho para computação técnica. Foi concebida para cálculos numéricos práticos, nomeadamente a manipulação de matrizes. Foi desenvolvida por Cleve Moler na década de 1970 como uma ferramenta de ensino. Integra computação, visualização e programação num ambiente fácil de utilizar, onde os problemas e as soluções são expressos em notação matemática familiar. Pode ser utilizado de forma muito interactiva e é fácil de utilizar. As utilizações típicas incluem:

- Matemática e cálculo
- Desenvolvimento de algoritmos
- Modelação, simulação e criação de protótipos
- Análise, exploração e visualização de dados
- Gráficos científicos e de engenharia
- Desenvolvimento de aplicações, incluindo a criação de interfaces gráficas de utilizador

O MATLAB é um sistema interativo cujo elemento de dados básico é uma matriz que não necessita de ser dimensionada. Isto permite-lhe resolver muitos problemas técnicos de computação, especialmente aqueles com formulações matriciais e vectoriais, numa fração do tempo que levaria a escrever um programa numa linguagem escalar não interactiva como o C ou o FORTRAN.

O nome MATLAB significa laboratório de matrizes. O MATLAB foi originalmente escrito para proporcionar um acesso fácil ao software de matrizes. O MATLAB evoluiu ao longo dos anos com o contributo de muitos utilizadores. Em ambientes universitários, é a ferramenta de instrução padrão para cursos introdutórios e avançados em matemática, engenharia e ciências. Na indústria, o MATLAB é a ferramenta de eleição para investigação, desenvolvimento e análise de alta produtividade.

O MATLAB possui uma família de soluções específicas para aplicações denominadas toolboxes. Muito importantes para a maioria dos utilizadores do MATLAB, as caixas de ferramentas permitem-lhe aprender e aplicar tecnologia especial. As caixas de ferramentas são colecções abrangentes de funções MATLAB (ficheiros M) que alargam o ambiente MATLAB para resolver classes específicas de problemas. As áreas em que as caixas de ferramentas estão disponíveis incluem o processamento de sinais, sistemas de controlo, redes neuronais, lógica difusa, wavelets, simulação e muitas outras. Outras plataformas semelhantes ou os seus dois pontos são: -GNU Octave, Scilab, Flexpro, labveiw, o-Matrix etc.

4.2O sistema MATLAB:

O sistema MATLAB é composto por cinco partes principais:

4.2.1Ferramentas do ambiente de trabalho:

O sistema MATLAB contém um conjunto de ferramentas e facilidades que nos ajudam a utilizar as funções e ficheiros MATLAB de forma mais produtiva. Muitas destas ferramentas são interfaces gráficas de utilizador. Inclui o MATLABdesktop, a janela de comandos, um histórico de comandos, um editor e depurador, um analisador de código e também um navegador para visualizar a ajuda, o espaço de trabalho, os ficheiros e o caminho de pesquisa.

4.2.2Biblioteca de funções:

Trata-se de uma vasta coleção de algoritmos computacionais que vão desde funções elementares como a soma, o seno, o cosseno, a aritmética complexa, a matriz, a inversa, os valores próprios, etc.

4.2.3A linguagem MATLAB:

Trata-se de uma linguagem de matriz/array de alto nível com instruções de fluxo de controlo, funções, estruturas de dados, entrada/saída e características de programação orientadas para objectos. Permite tanto a "programação em pequena escala" para criar rapidamente programas rápidos e sujos, como a "programação em grande escala" para criar programas de aplicação completos, grandes e complexos.

4.2.4Gráficos:

Este é o sistema gráfico do MATLAB, que tem uma grande facilidade de visualização de vectores, gráficos e também de impressão desses gráficos. Inclui comandos de alto nível para visualização de dados bidimensionais e tridimensionais, processamento de imagens, animação e gráficos de apresentação. Inclui também comandos de baixo nível que lhe permitem personalizar totalmente a aparência dos gráficos, bem como construir interfaces gráficas de utilizador completas nas suas aplicações MATLAB.

4.2.5Interface externa:

Esta biblioteca permite-lhe escrever programas C e FORTRAN que interagem com o MATLAB Contém facilidades para chamar rotinas do MATLAB.

4.2.6 Captura de ecrã da janela de comando do laboratório Mat

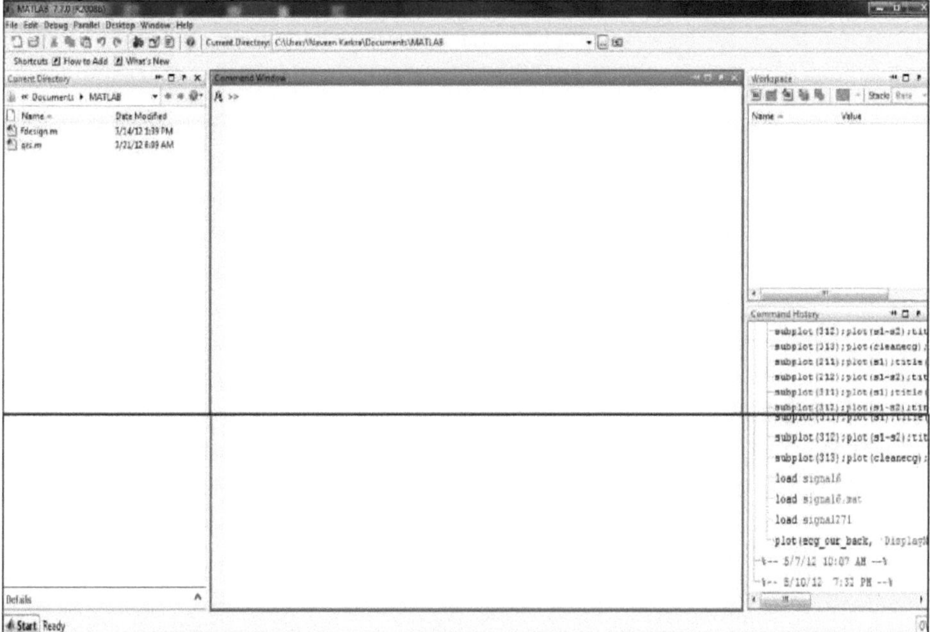

Figura 15

4.2.7 Captura de ecrã da janela do editor do laboratório Mat

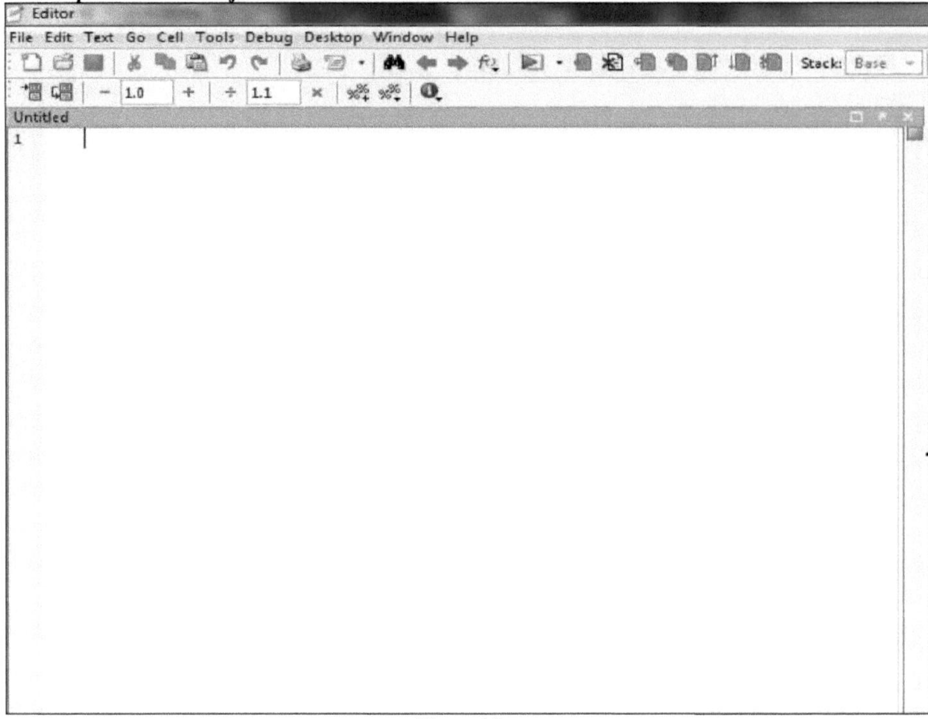

Figura 16

CAPÍTULO: 5

TRABALHO EFECTUADO

5.1 Seleção da Wavelet Mãe:

Uma etapa importante na WT é a construção de uma função, chamada wavelet mãe (MW), que é preferível ter uma forma semelhante ao sinal. A compressão mais alta é alcançada quando existe mais correlação entre a MW e o sinal transformado em coeficientes de wavelet. Embora exista um grande número de MWs, há muito pouca literatura sobre MWs que tenham uma forma semelhante à de um ECG. Uma boa wavelet mãe é aquela que tem a capacidade de reconstruir completamente o sinal a partir das decomposições. A eficiência na extração de um determinado sinal com base na decomposição de wavelets depende muito da escolha da função wavelet e do número de escalas de decomposição. Neste estudo, verificámos que a Db4 é a wavelet mais preferível e que foi utilizada neste estudo.

5.1.1 Daubechies:

Daubechies, uma das estrelas mais brilhantes do mundo da investigação sobre wavelets, também chamou wavelets ortonormais - tornando assim praticável a análise de wavelets discretas.

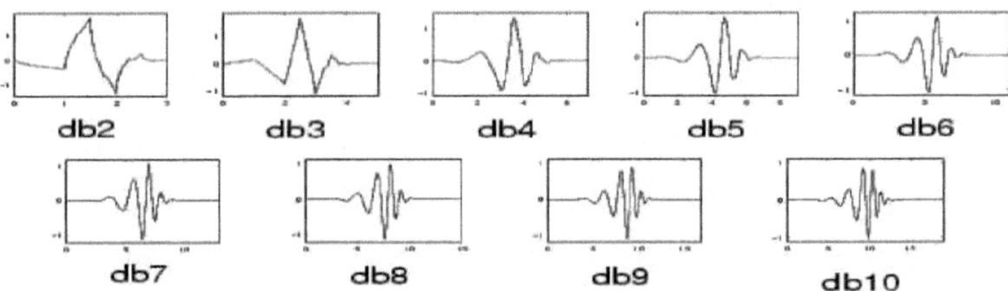

Figura 17:- Família Daubechies

Os nomes das wavelets da família Daubechies escrevem-se dbN, em que N é a ordem. Verificou-se que a Wavelet de Daubechies (Db4) fornece detalhes com mais precisão do que outras. Além disso, esta Wavelet apresenta semelhanças com os complexos QRS nos sinais ECG. Por conseguinte, escolhemos a Wavelet de Daubechies (Db4) para extrair as características do ECG na nossa aplicação.

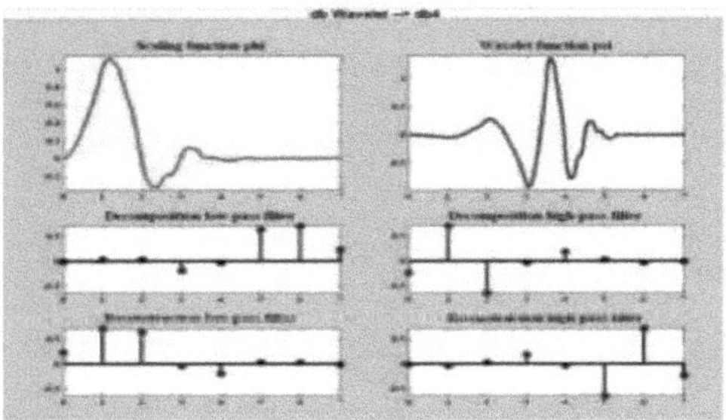

Figura 18:-Decomposição e Reconstrução de Db4

5.2 Algoritmo proposto:

O sinal de ECG pode ser expresso como repetições das ondas P-QRS-T. O primeiro passo para a análise do ECG consiste em limpar o sinal ECG, após o que se inicia a extração dos parâmetros. O princípio básico por detrás da extração de parâmetros é encontrar o complexo QRS, ou seja, a deteção do pico R, que é o primeiro e principal passo para encontrar o complexo QRS. Em seguida, os picos R podem ser tomados como referência para a deteção posterior das ondas P e T. Depois de encontrar a localização destes pontos, procedeu-se à medição da sua amplitude para a base de dados capturada. A base de dados para o nosso trabalho foi retirada dos vários centros de diagnóstico de Gurgaon e do Hospital Geral de Gurgaon. Capturámos as imagens jpg do sinal de ECG e convertemo-las em ficheiro .mat. A análise posterior é feita apenas sobre esses sinais amostrados.

5.2.1 Etapas do método proposto:

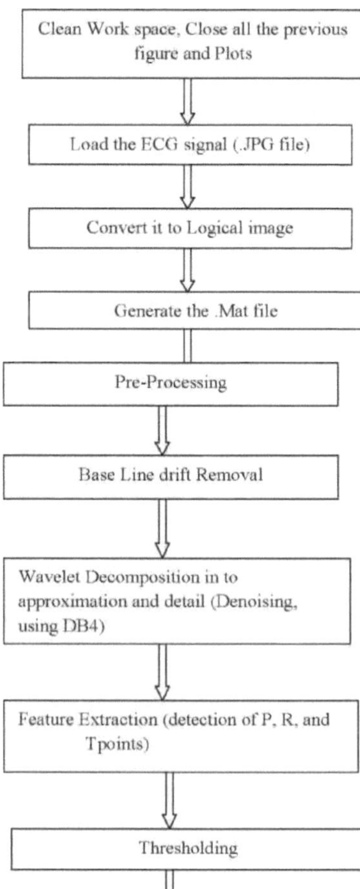

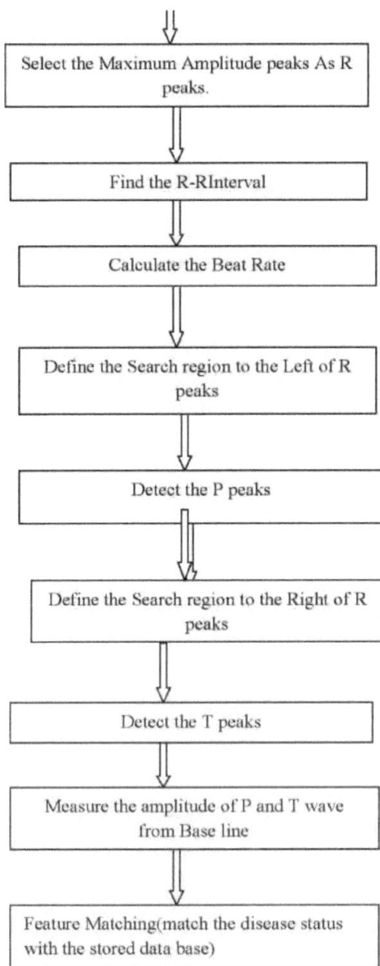

5.2.2 Metodologia:

O processo de análise do sinal ECG pode ser dividido em duas fases: a fase de pré-processamento e a extração de características. O pré-processamento consiste na remoção do ruído (potenciais electromiográficos dos músculos, artefactos da interação dos eléctrodos com a pele, amplificadores, ruído eletrónico e ruído de fundo da rede). A remoção do ruído leva à compressão e suavização do sinal ECG. A fase de extração de características do sinal de cardio é o processo de encontrar a informação necessária (os dentes, os complexos, etc.).

A análise Wavelet decompõe o sinal em coeficientes aproximados, que representam o sinal suavizado (mantêm a identidade do sinal) e os coeficientes de pormenor que descrevem o ruído ou a vibração. Esses componentes podem ser removidos através do procedimento de zeragem ou recálculo dos coeficientes de pormenor, cujos valores são inferiores ao limiar de valor. A decomposição da Transformada Wavelet Discreta é efectuada por bancos de filtros wavelet. A DWT utiliza dois filtros, um filtro passa-baixo (LPF) e um filtro passa-alto (HPF) para decompor o sinal em diferentes escalas. Os coeficientes de saída do LPF são chamados de aproximações, enquanto os coeficientes de saída do HPF são chamados de detalhes. O processo de decomposição é iterativo. O sinal de aproximação pode ser passado para baixo para ser decomposto novamente, dividindo o sinal em muitos níveis de componentes de resolução mais baixa. Este processo é designado por decomposição de vários níveis e pode ser representado numa árvore de decomposição wavelet. Apenas o último nível de aproximação é guardado entre todos os níveis de pormenor, o que fornece dados suficientes para reconstruir totalmente o sinal original utilizando filtros complementares. Ver Figura 5.1

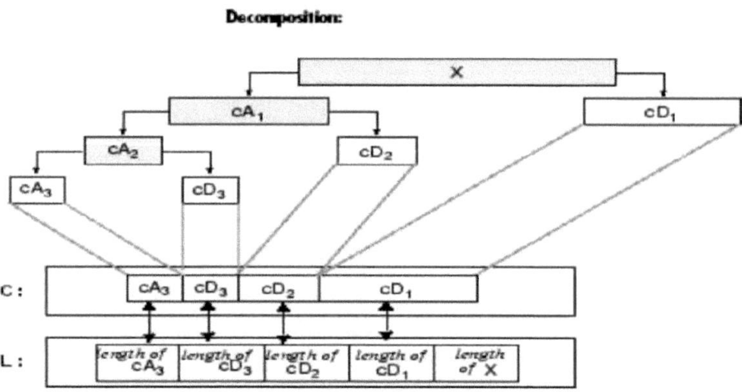

Figura 19:- Componentes de aproximação e de pormenor

5.2.3 Resultados para a Aproximação e pormenores utilizando o painel Interface gráfica (menu onda):
Em primeiro lugar, carregamos um sinal ECG de qualquer paciente no painel de interface do utilizador (menu Wave) e a decomposição de ambos os sinais foi mostrada passo a passo utilizando db4. Esta é a decomposição de nível 5 e a1,a2,a3,a4,a5 são as aproximações e d1,d2,d3,d4,d5 representa os coeficientes detalhados que representam o sinal original.

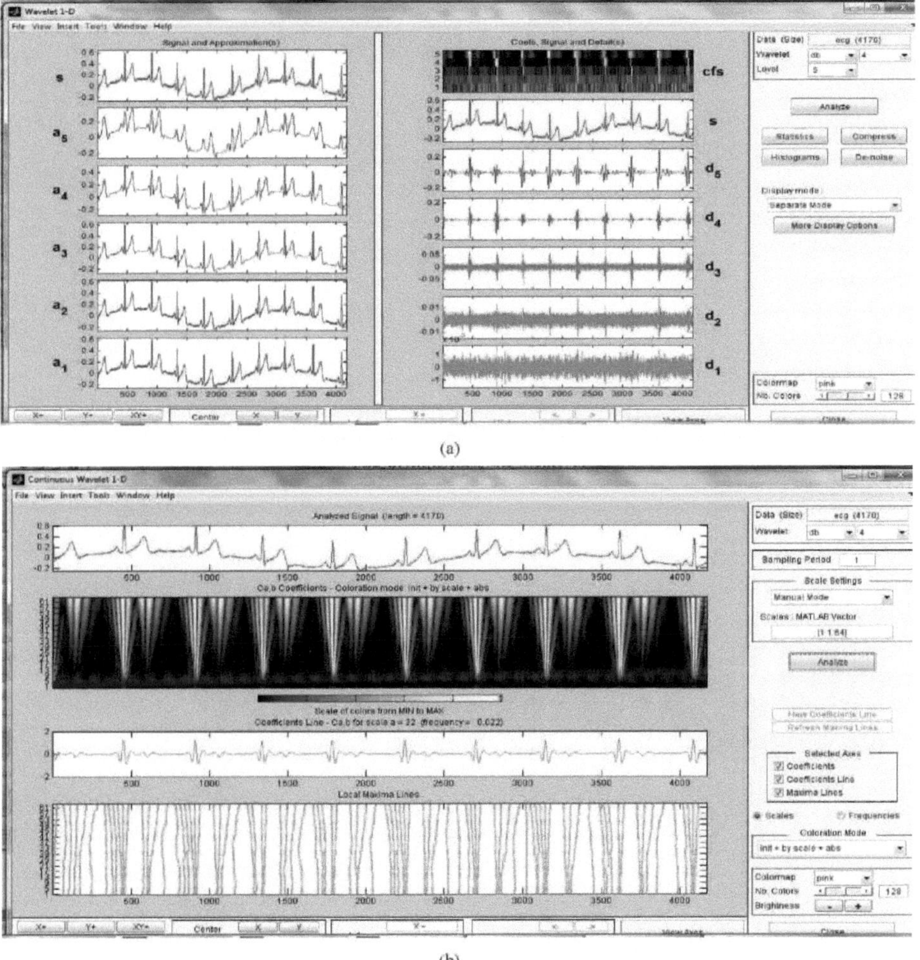

(a)

(b)

Figura 20 :-(a)Decomposição dos sinais ECG utilizando Db4 (b) Modo manual

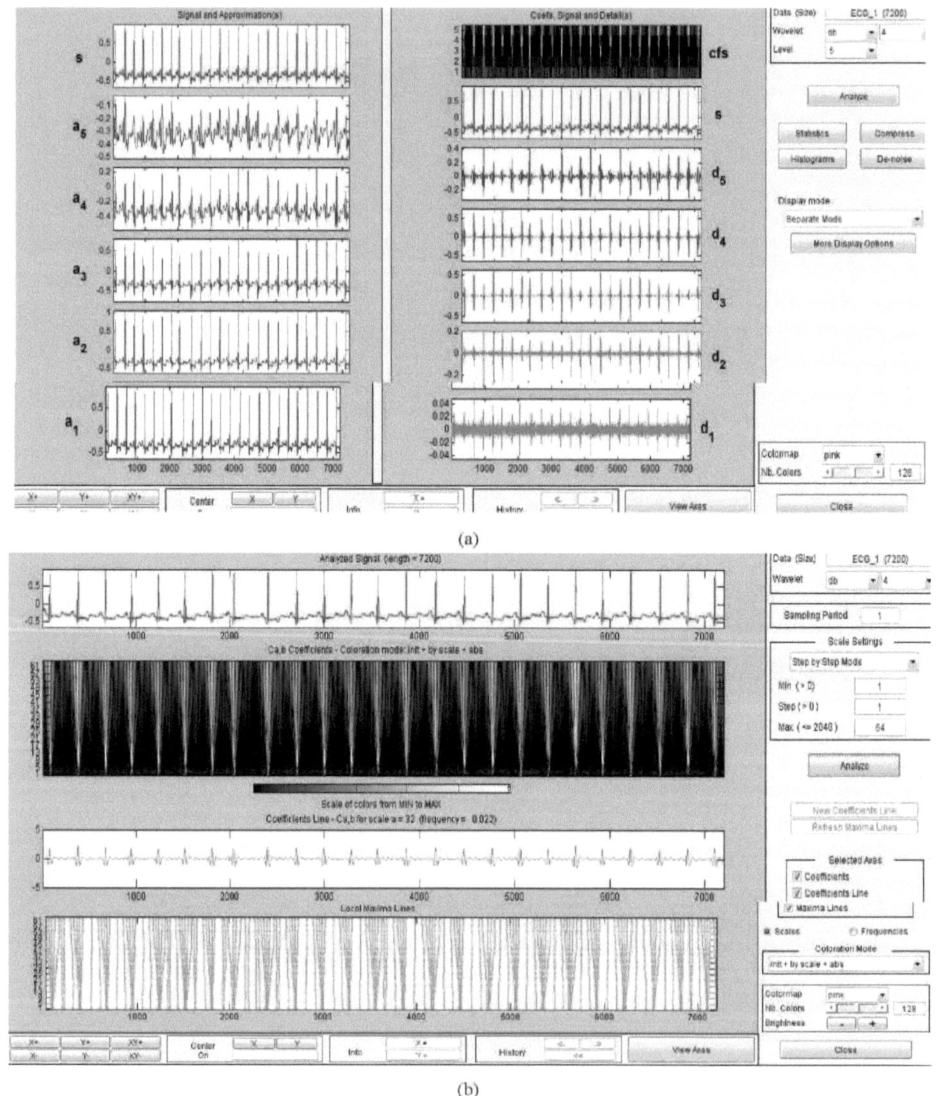

Figura 21 :-(a) Decomposição de sinais ECG utilizando Db4 (b) Modo manual

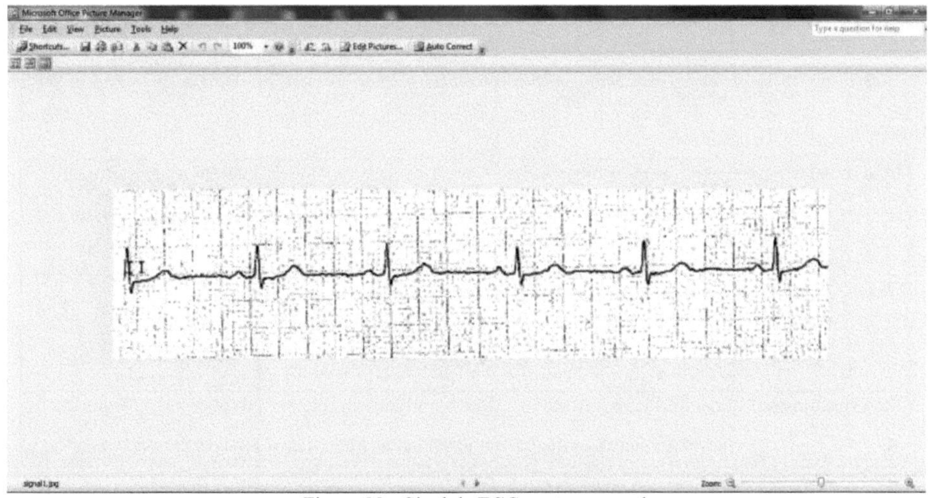

Figura 22:- Sinal de ECG em tempo real

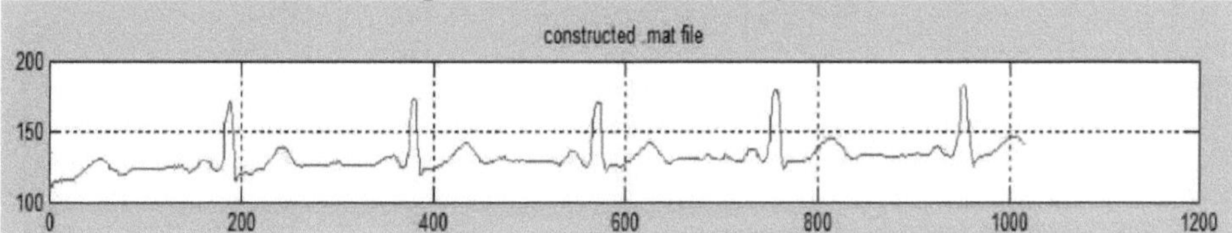

Figura 23:-Construção do ficheiro .mat

5.3 Pré-processamento do sinal ECG:

O pré-processamento envolve todo o tipo de ruído. Há uma série de métodos de filtragem e de redução de ruído que podem ser utilizados para o mesmo fim. Segue-se uma comparação exacta entre os diferentes métodos.

5.3.1 Comparação entre diferentes técnicas de filtragem e redução de ruído:

Tipo de filtro	Imóveis	Vantagem	Tipo de sinal
Filtro digital	Empregar Fourier Transformar	Fácil de implementar, menor complexidade computacional.	Não pode revelar a informação transportada pelo sinal.
Filtro de entalhe	Pode remover apenas uma determinada frequência de ruído	Apenas filtragem no domínio da frequência.	Filtro estático, distorce o sinal de interesse.
Filtro principal	Remover a perda de interferência da linha eléctrica.	Bom para sinais não estacionários.	

Filtro de Wiener	Remover o ruído comparando o sinal desejado com o sinal ruidoso.	Filtro Causal	O sinal e o ruído têm de ser processos escolares estacionários.
Filtro passa-alto	Passa componentes de alta frequência e corta o estável.		Passam o complexo QRS mas atenuam as ondas P e T de baixa amplitude.
DWT	Amostragem para cima e para baixo (HPF, LPF).	Pode ser aplicado a ruídos complexos, Remove Base Line Drift.	Para sinais não estacionários.
Filtro combinado	Funciona com base na correlação entre os dados ruidosos e a resposta ao impulso do sinal.	Método promissor, eficaz em Denoising, maximiza a SNR.	Só pode ser aplicado ao sinal se estiver presente ruído branco.
Filtro adaptativo	Auto-ajuste da transferência Função	Fácil de implementar Menos demorado.	Resultam em perda de informação para sinais não estacionários.

Quadro 3

5.3.1 Remoção do desvio da linha de base:

A oscilação da linha de base pode ser causada pela respiração. A oscilação da linha de base dificulta a análise manual e automática dos registos de ECG e, sobretudo, o diagnóstico de isquemia. Na oscilação da linha de base, a linha isoeléctrica muda de posição. Uma das causas possíveis é a deslocação dos cabos durante a leitura. O movimento do doente, fios/electrodos de derivação sujos, eléctrodos soltos e uma variedade de outras coisas também podem causar isto. A oscilação da linha de base é um dos artefactos de ruído que afectam os sinais de ECG. A remoção da oscilação da linha de base é, portanto, necessária na análise do sinal de ECG para minimizar as alterações na morfologia do batimento. O desvio da linha de base pode ser eliminado sem alterar ou perturbar as características da forma de onda. Abaixo estão as capturas de ecrã do sinal original e do sinal após a remoção da deriva.

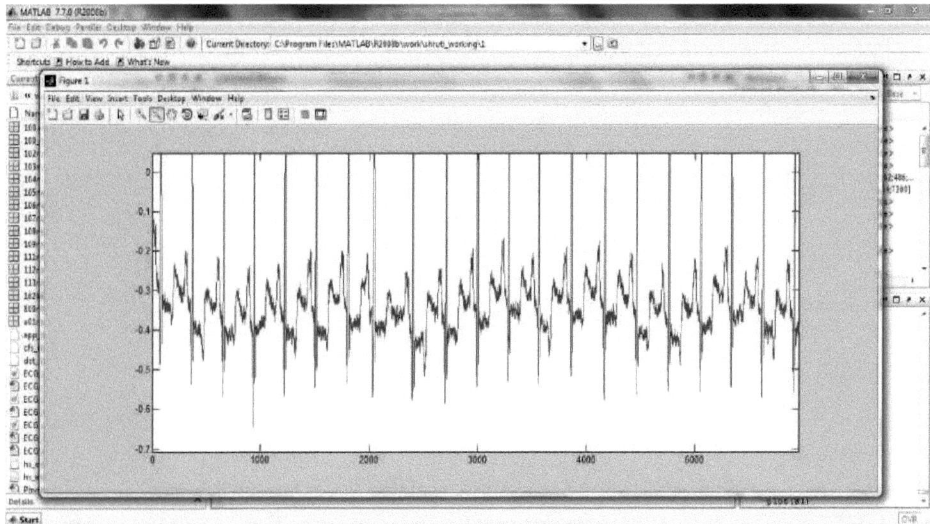

Figura 24:-Sinal ECG original

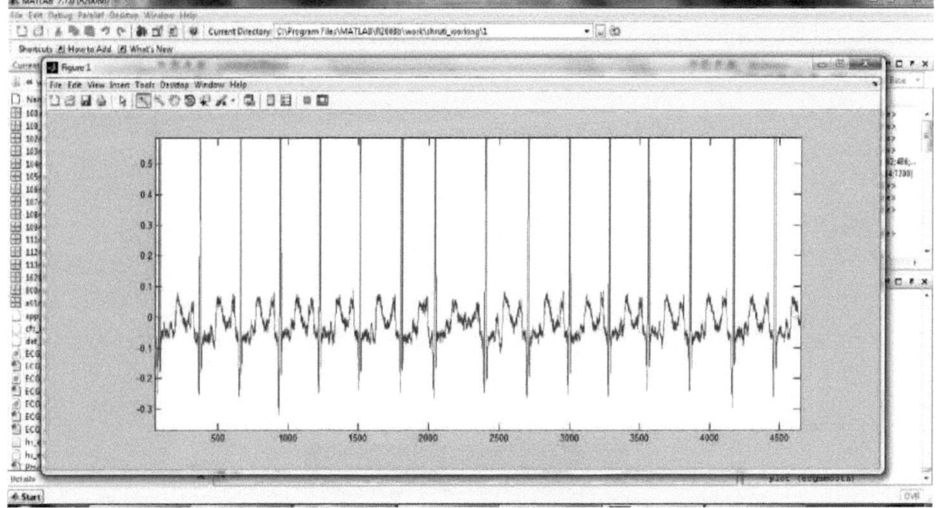

Figura 25:-Sinal após a remoção do desvio da linha de base

5.3.2Denoising:-

Denoising significa limpar o sinal ECG. A análise Wavelet decompõe o sinal em coeficientes aproximados, que representam o sinal suavizado (mantêm a identidade do sinal) e os coeficientes de pormenor que descrevem o ruído ou a vibração. Estes componentes podem ser removidos utilizando o procedimento de zeragem ou recálculo dos coeficientes de pormenor, cujos valores são inferiores ao limiar de valor.

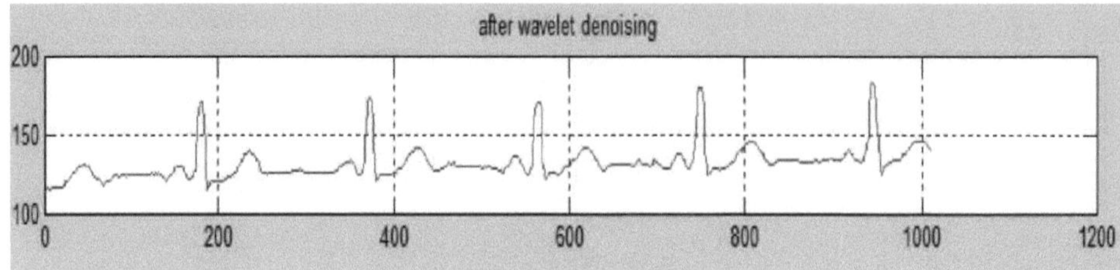

Figura 26:-Sinal sem ruído

5.4 Extração de características do ECG (Deteção de ondas R, P, T):

5.4.1 Deteção de picos R:

O pico R no sinal de ECG tem a maior amplitude de todas as ondas em comparação com as outras ondas. Este facto torna a identificação destas ondas muito mais fácil do que as outras ondas de baixa amplitude. Para detetar os picos, são seleccionados detalhes específicos do sinal e são removidos os outros componentes de baixa e alta frequência. A deteção do complexo QRS consiste em determinar o ponto R do ciclo cardíaco. Os picos R são pontos de referência para futuras detecções. Este procedimento remove as frequências mais baixas, uma vez que as ondas QRS têm uma frequência comparativamente mais elevada do que as outras ondas.

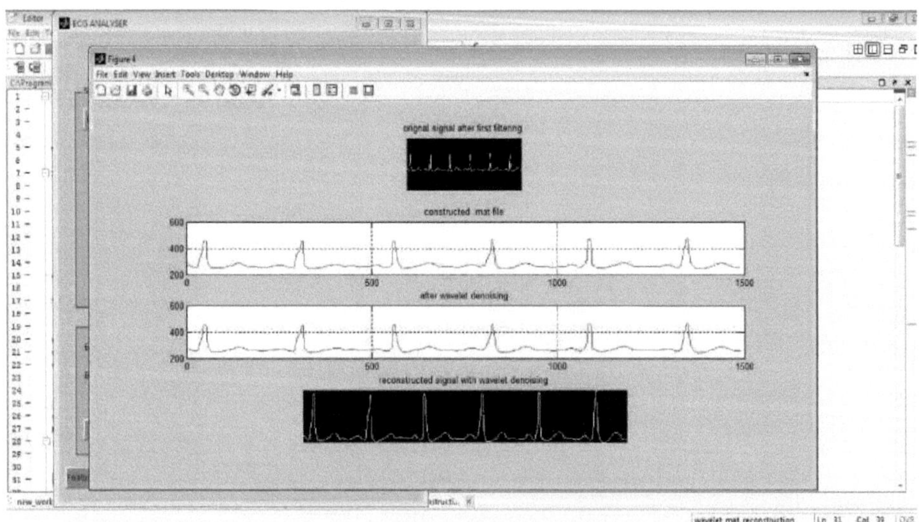

Figura27:-Sinal original, ficheiro .mat, sinal sem ruído

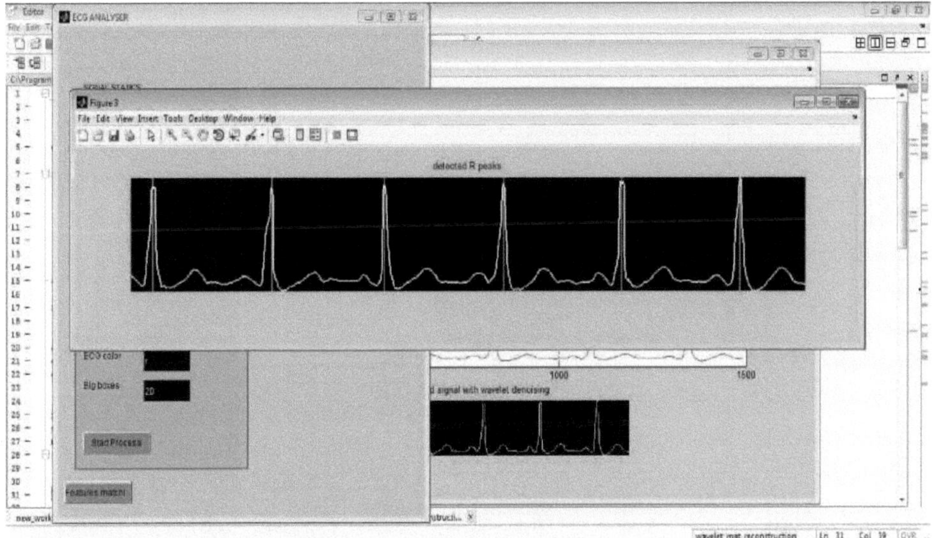

Figura 28:-R Picos detectados (linha verde)

5.4.2 Cálculo da taxa de batimento:

A frequência cardíaca ou ritmo de batimento é o número de batimentos cardíacos por unidade de tempo. A frequência cardíaca pode variar consoante a necessidade do corpo de absorver oxigénio e excretar dióxido de carbono, como durante o exercício ou o sono. A medição da frequência cardíaca é utilizada por profissionais de saúde para ajudar no diagnóstico e acompanhamento de doenças. Para calcular a frequência cardíaca, é necessário determinar primeiro o intervalo R-R. A frequência cardíaca e o intervalo R-R estão relacionados entre si. O intervalo RR é o tempo entre os complexos QRS ou picos R sucessivos. A frequência cardíaca instantânea pode ser calculada a partir do tempo entre dois complexos QRS quaisquer. Primeiro, temos de determinar o período de tempo entre dois picos R consecutivos (distância R-R*. 04sec, que é o intervalo R-R. De seguida, calcula-se o ritmo cardíaco. Abaixo estão as fórmulas matemáticas pelas quais podemos calcular a taxa de batimentos.

- Número de complexos QRS em 6 segundos x 10

- Taxa de batimento= 300/número de quadrados grandes.

- Ritmo de batimento=1500/número de pequenas caixas na tira de ECG entre o intervalo R-R.

- Frequência de batimento=60/intervalo R-R

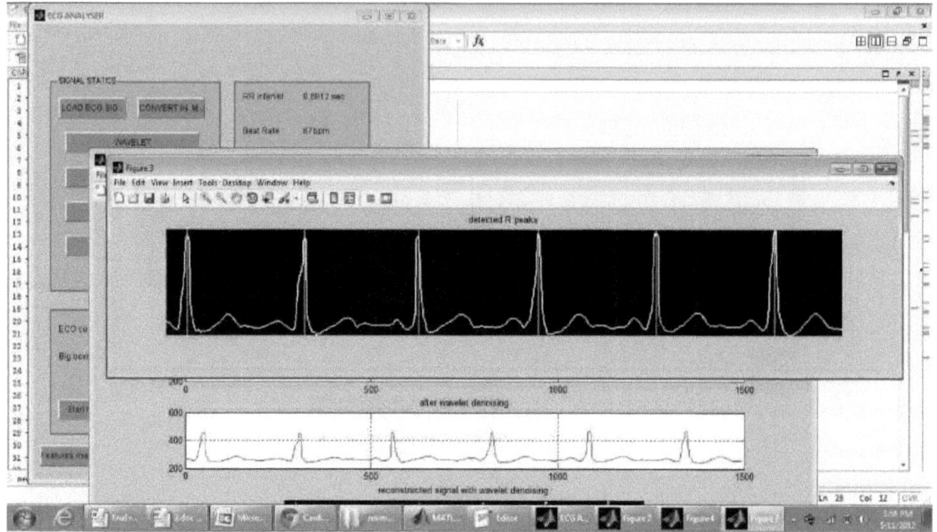

Figura 29:- Cálculo do intervalo R-R e da frequência de batimentos

5.5.1 Deteção de picos P:

A primeira deflexão do batimento cardíaco é uma pequena onda ascendente chamada onda P. Ela indica despolarização. A porção inicial da onda P é em grande parte um reflexo da despolarização do átrio direito e a porção terminal é em grande parte um reflexo da despolarização do átrio esquerdo. Uma fração de segundo após o início da onda P, os átrios se contraem. As ondas P devem ser todas parecidas e não devem ser maiores que 0,25 mV (2,5 mm). Morfologias mais altas podem indicar aumento do átrio direito. Abaixo estão os passos a serem seguidos para encontrar a onda P.

- Encontre a média entre Ri e Ri-1(Ri+Ri-1/2).

- Seleccione uma janela de pesquisa antes do complexo QRS (picos R detectados, ou seja, Ri).

- Esta é a região de pesquisa do pico p.

-   O pico P é detectado no mínimo 12 segundos antes do início do pico R.

-   Após este tempo, o pico com maior amplitude é o PPeak

- A amplitude do pico P é medida a partir da linha de referência até ao pico da onda P.

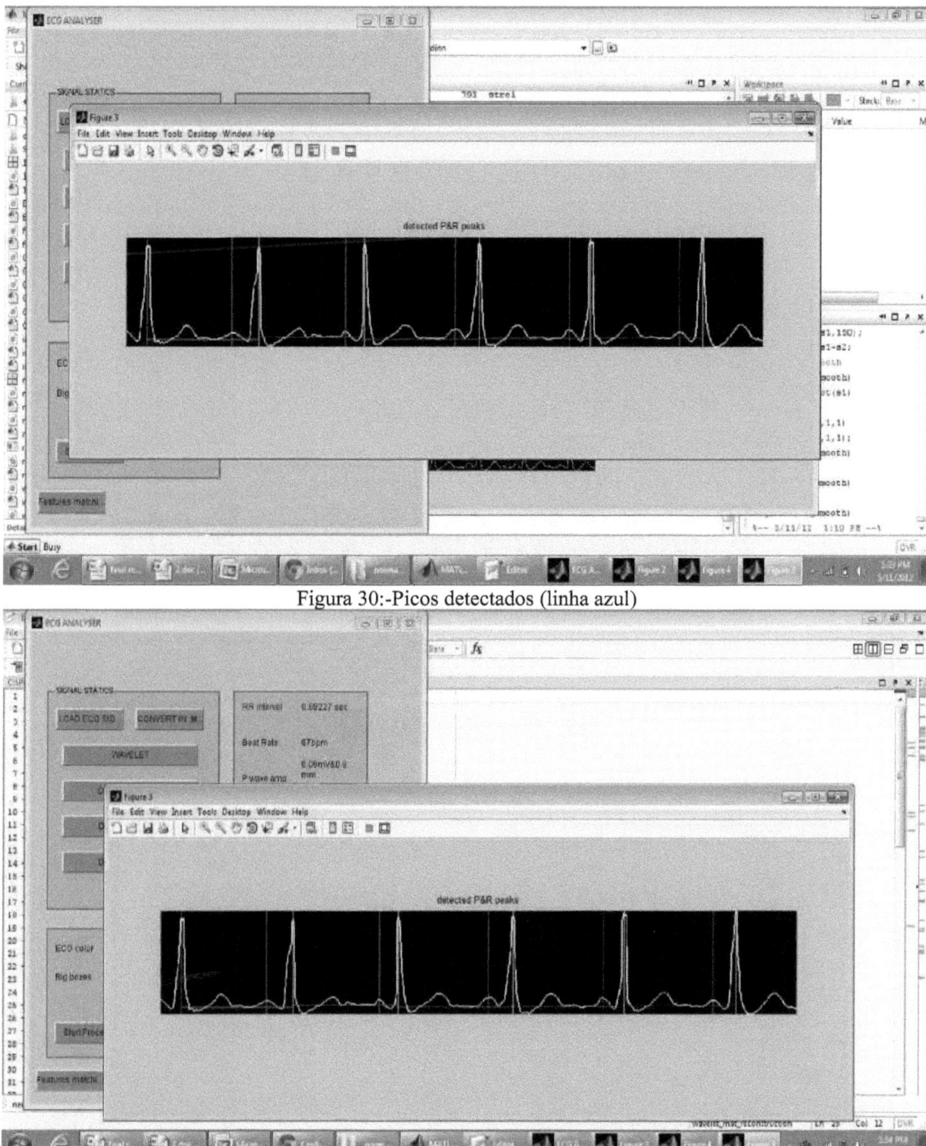

Figura 30:-Picos detectados (linha azul)

Figura 31:- Medição da amplitude da onda P (.9mm)

5.5.2 Deteção do pico T:

A onda T representa a repolarização dos ventrículos. Normalmente é vertical, um pouco arredondada e ligeiramente assimétrica. A onda T pode ser invertida ou plana em caso de isquemia miocárdica, bloqueio de ramo, hipertrofia ventricular e batimentos ectópicos ventriculares. É alta e atinge o pico com hipercalemia (o potássio diminui a duração do período refratário e aumenta a repolarização).

- Encontre a média entre Ri e Ri-1(Ri+Ri-1/2)

- Seleccione uma janela de pesquisa após o complexo QRS (picos R detectados, ou seja, Ri-1).

- Esta é a região de pesquisa do pico T.

- O pico T é detectado pelo menos 0,6 a 0,8 s após o desvio do pico R.

- Após este tempo, o pico detectado com maior amplitude é o pico T

- A amplitude do pico T é medida a partir da linha de referência (linha isoeléctrica) até ao pico da onda T.

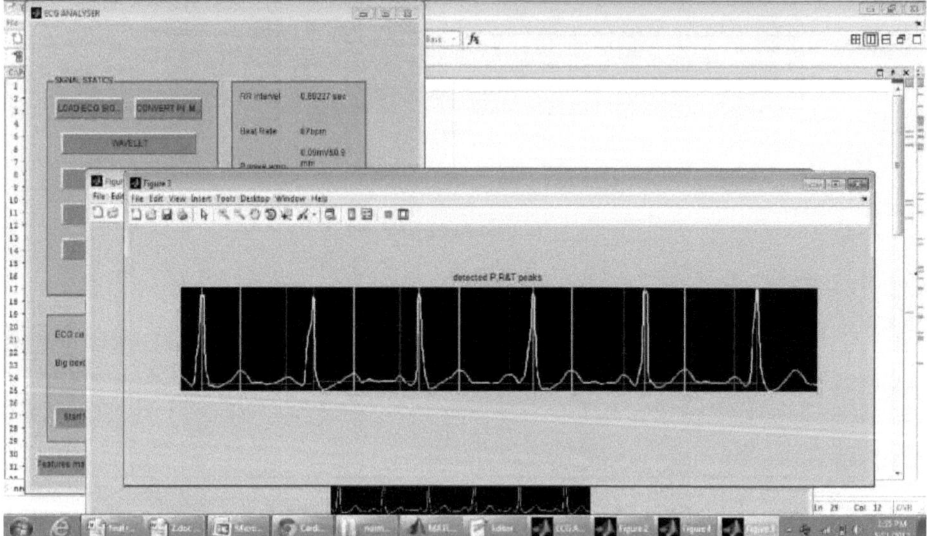

Figura 32:-Picos de T detectados (linha amarela)

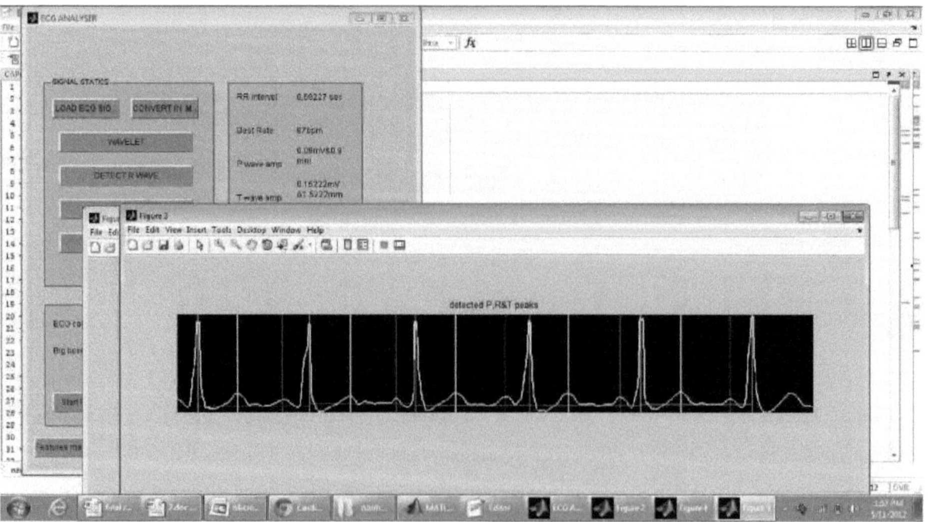

Figura 33:- Medição da amplitude da onda T (1,5 mm)

CAPÍTULO: 6

Diagnóstico de doenças

Os electrocardiogramas (ECG) são sinais que têm origem na ação do coração humano. O ECG é utilizado para medir a frequência e a regularidade dos batimentos cardíacos, bem como o tamanho e a posição das câmaras e a presença de qualquer lesão no coração. Os registos de ECG são examinados por um médico que verifica visualmente as características do sinal e estima os parâmetros mais importantes do sinal. Com base nesta experiência, o médico avalia o estado de um doente. O ECG é caracterizado por três picos ou vales principais: ondas R, P e T. Cada parâmetro tem a sua própria posição e amplitude fixa. A informação obtida a partir de um eletrocardiograma pode ser utilizada para descobrir diferentes tipos de doença. O ECG revela problemas de ritmo, como a causa de um batimento cardíaco lento ou rápido, e permite verificar se o sangue tem poucos minerais.

Nos capítulos anteriores, encontrámos os principais parâmetros do ECG e também as suas dimensões. No nosso estudo, incluímos as doenças que dependem exclusivamente destes factores.

Vários tipos de alterações das ondas R, P e T (alteração da sua amplitude, ausência) indicam perturbações cardíacas graves. Segue-se a lista de doenças que podem surgir devido às condições acima mencionadas.

- Bradicardia

- Taquicardia

- Flutter atrial

- Hipocalemia

- Hipercalemia

- Aumento da aurícula direita.

6.1 Diagnóstico com base na frequência cardíaca ou no intervalo R-R:

6.1.1 Ritmo sinusal normal

Se o intervalo R-R se situar entre 6 seg. e 1 seg. ou se a frequência cardíaca se situar entre 60 bpm e 100 bpm, trata-se de um ritmo sinusal normal (ECG normal).

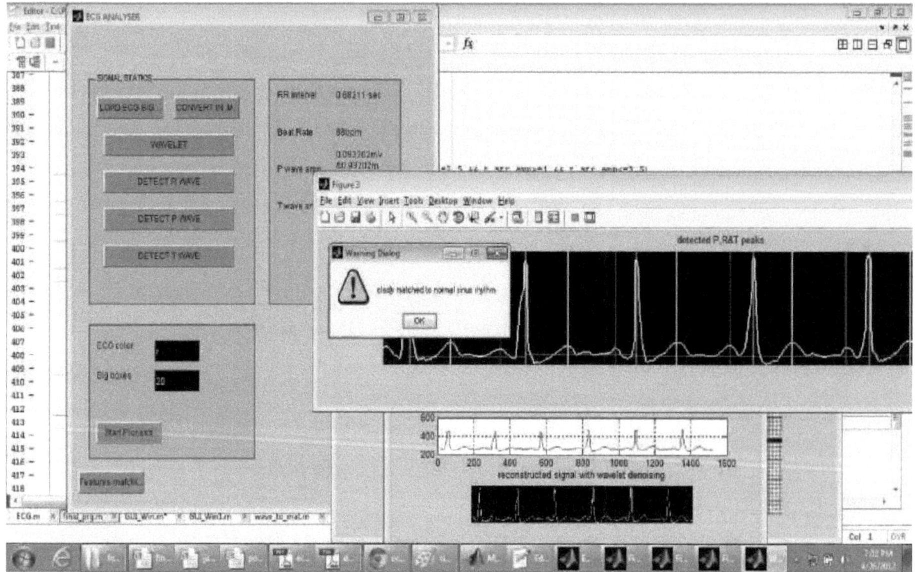

Figura 34:- Ritmo sinusal normal (88bpm)

6.1.2 Bradicardia sinusal:

Se o intervalo R-R for >1 s ou a frequência de batimentos for <60 bpm, então a doença é **Bradicardia sinusal**. As ondas P, T e o complexo QRS estão dentro dos valores normais.

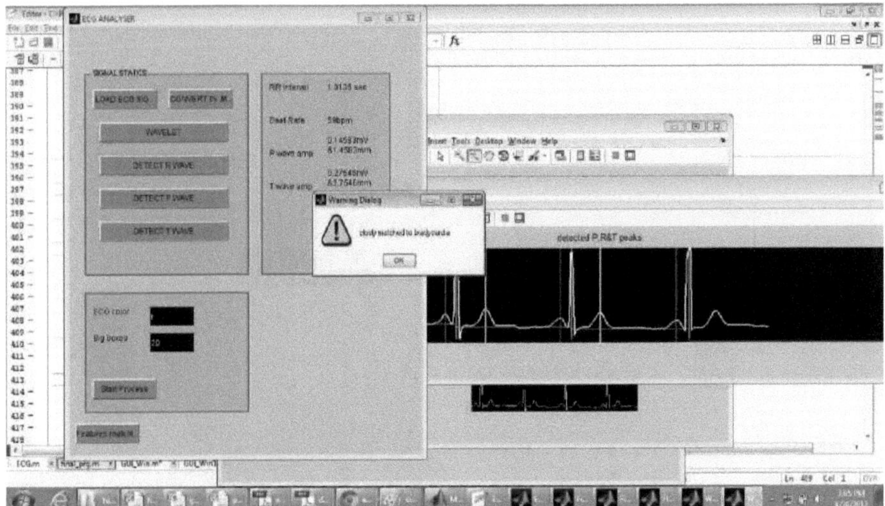

Figura 35:- Bradicardia (Batimento 56bpm)

6.1.3 Taquicardia sinusal:

Se o intervalo R-R for <.6 seg. ou a frequência de batimentos for >100-150 bpm, então a doença é **Taquicardia Sinusal**. As ondas P, T e o complexo QRS estão dentro dos limites normais.

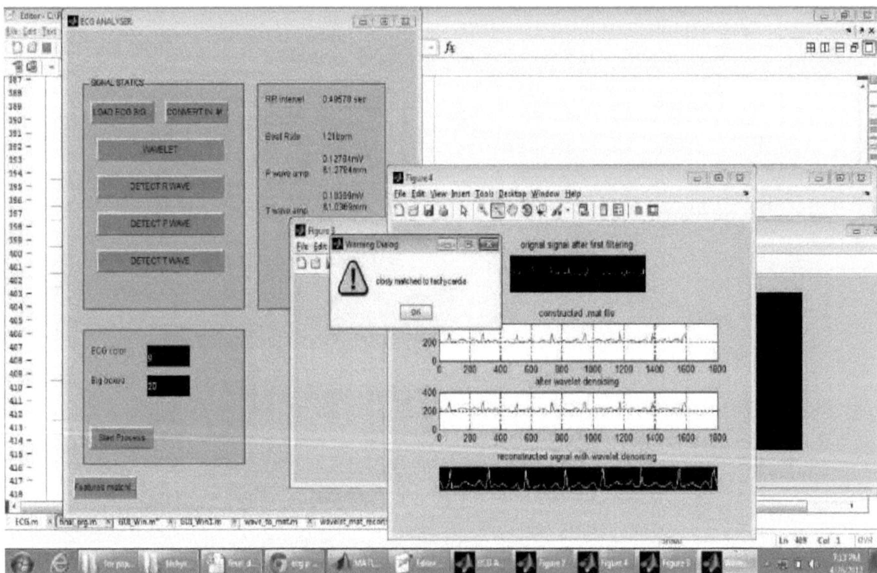

Figura 36:- Taquicardia (Batimento 121bpm)

6.2 Diagnóstico com base nas anomalias da onda P:

Representa a despolarização da aurícula e é a primeira deflexão positiva no ECG. As ondas P que são mais altas do que o normal (> 2,5 mm nas derivações inferiores) representam o **alargamento da aurícula direita**, também chamado hipertrofia da aurícula direita, anomalia da aurícula direita.

Aumento da aurícula direita:

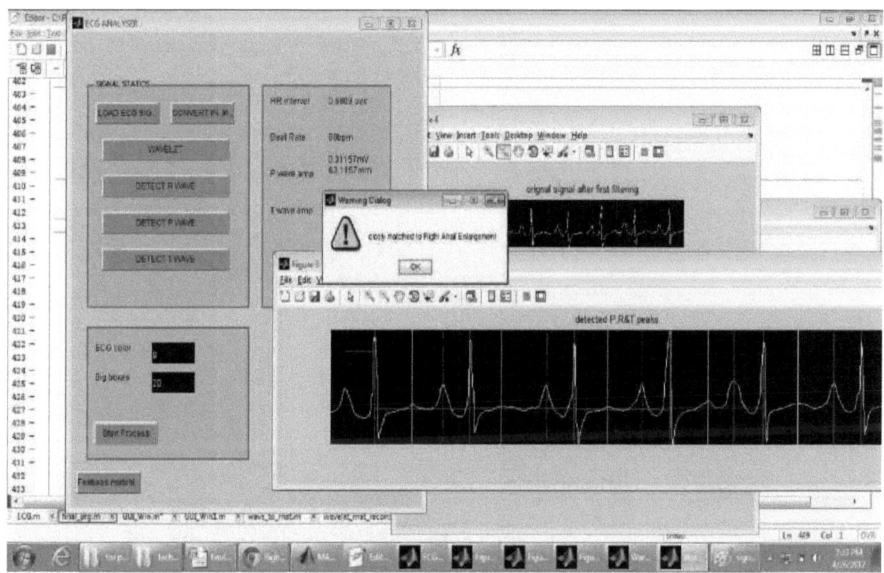

Figura 37:- Aumento da aurícula direita (Amplitude da onda P é de 3,1 mm)

6.3 Diagnóstico com base nas anomalias da onda T:

6.3.1 Hipercalemia:

A onda T representa a repolarização dos ventrículos. É a deflexão positiva após o complexo QRS no ECG. Ondas T altas, com picos e tendas simétricas podem indicar **hipercalemia**. A amplitude das ondas T altas é superior a 3,5 mm.

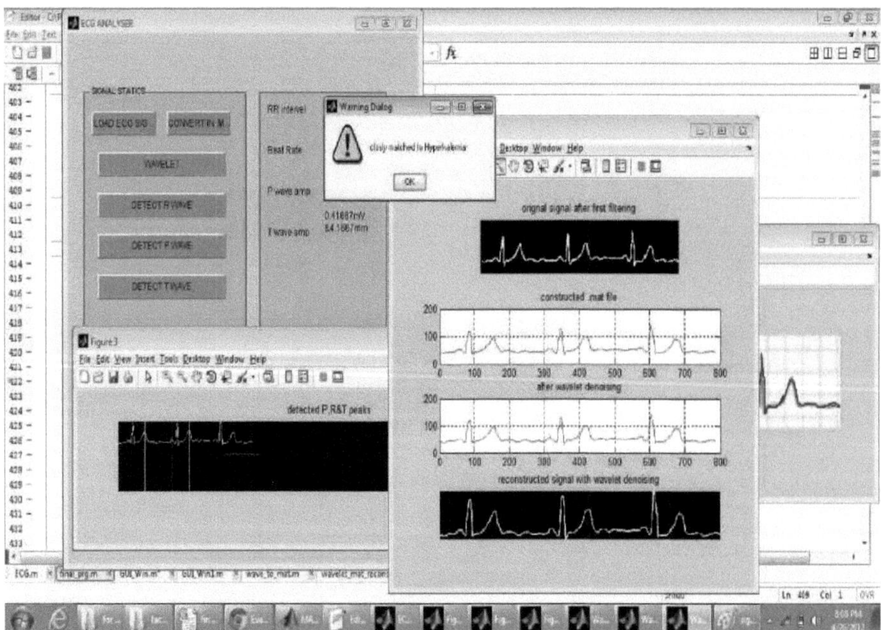

Figura 38:-Hipercalemia (onda T alta de amplitude4,1mm)

6.3.1 Hipocalemia:

Ondas T planas podem indicar hipocalemia. A amplitude das ondas T planas é <1 mm.

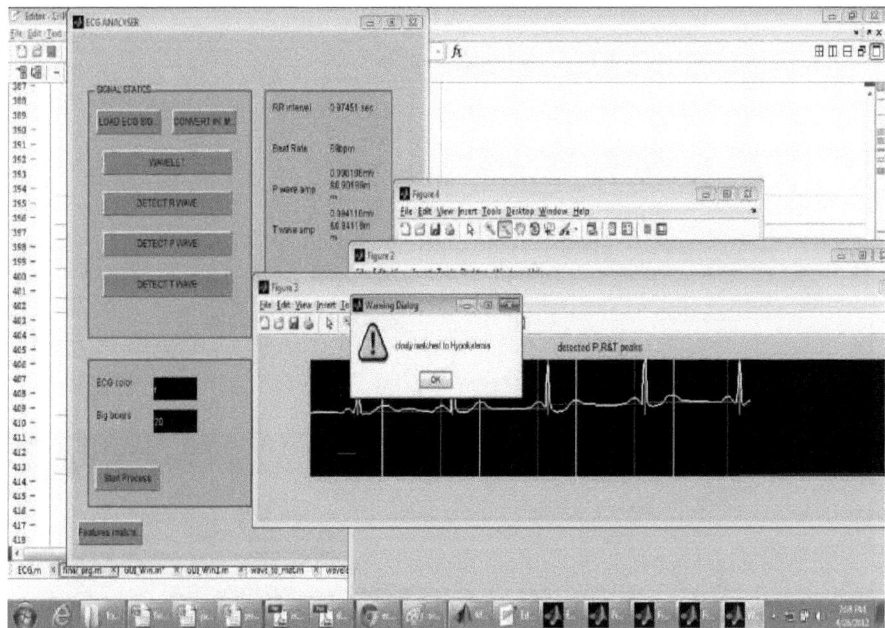

Figura 39:-Hipercalemia (ondas T planas com amplitude.841mm)

6.4 Flutter atrial:

Tipo de arritmias auriculares com frequência auricular de 200 bpm a 300 bpm. Neste tipo de ECG, a onda P está ausente e, por vezes, as ondas P e T estão fundidas uma com a outra. Neste tipo de ECG estão presentes ondas do tipo dente de serra geralmente uniformes, também designadas por ondas F.

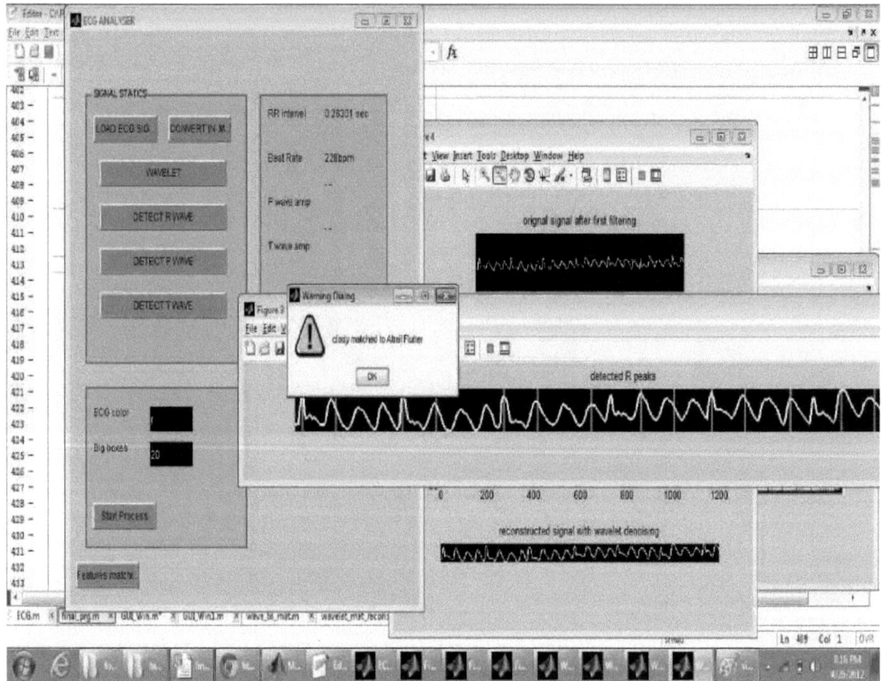

Figura 40:-Flutter atrial (frequência de batimento 228bpm)

CAPÍTULO: 7

Resultados e conclusões

7.1 Resultados da avaliação do desempenho do algoritmo de deteção de ECG proposto na deteção das ondas P, R e T:

Desenvolvemos um algoritmo matemático para a deteção dos principais parâmetros do ECG, bem como das suas dimensões. A tabela seguinte mostra o resultado da deteção em amostras seleccionadas aleatoriamente a partir da base de dados.

S.N.	Registo	Número de amostras	Deteção falsa Onda P	Falsa deteção onda T	Deteção de falsa Onda R	Total	Deteção
1	Sinal1	1000	2	0	0	2	99.9
2	Sinal6	1800	0	0	0	0	100
3	Sinal9	1400	3	3	0	6	99.9
4	Sinal f	900	0	2	0	2	99.9
5	Sinal 3 a	3000	0	0	0	0	100
6	Sinal 333	3000	0	0	0	0	100
7	Sinal 6a	1200	0	0	0	0	100
8	Sinal ww	2000	7	0	0	7	99.8
9	Sinal1a	900	0	4	0	4	99.9
10	Sinal 5	1800	1	0	0	1	99.9
11	Sinal e	1200	0	0	0	0	100

Quadro 4

A partir da tabela acima, podemos dizer que o algoritmo proposto demonstrou uma precisão de quase 99,9% na deteção das ondas P e T, mas uma precisão de 100% na deteção da onda R.

7.2 Conclusão:

O nosso único objetivo é desenvolver um método de análise eficiente do sinal ECG. Neste trabalho, propusemos um algoritmo para suavizar o sinal ECG e encontrar os picos R, P e T mais valiosos, juntamente com as suas dimensões. Utilizando esta informação, diagnosticámos algumas doenças cardíacas. O algoritmo mencionado tem muita precisão e é também um método simples e menos moroso.

7.3 Âmbito futuro:

Com base no método proposto, podem ser encontrados os intervalos no ECG. Estes intervalos são: PR, ST,

PT, etc. Há uma série de doenças cardíacas que estão direta ou indiretamente relacionadas com estes intervalos, por exemplo, isquemia miocárdica (intervalo PR prolongado). Assim, este trabalho pode estender-se para encontrar a duração destes segmentos e mais padrões ocultos do sinal ECG.

Referências

[1]Abed Al Roof Bsou;,Soo-Yeon ji,Kevien Ward,Kayvan Najarian , "Deteção dos componentes P,QRS,e T do ECG utilizando a transformação Wavelet,2009,IEEE

[2]C.Saritha, V.Sikanya, Y.Narasimha Murthy, "ECG Signal Analysis using Wavelet Transforms "Bulg.j.phys.35 (2008) 68-77

[3]J.S.Sahambi, S.N.Tondon, R.K.P.Bhatt, "Using Wavelet Transform For ECG Characterization. "IEEE in Engineering and medicine Biology, 1997, explica a análise multiresolução para um sistema de processamento de sinal digital para análise de ECG

[4]P.Sasikala ,R.S.D. Wahidabnu, "Robust R peak and QRS Detection in Electro cardio gram using Wavelet transform",IJACA, vol1 no.6, Dec 2010.

[5]Victor e Moga M.D., Mariana Moga, Constantin Luca, "wavelet como método para o processamento de sinais ECG" Universidade de Medicina e Farmácia de Timisoara, 2003.

[6] Girisha Garg, Vijandre Singh, J.R.P.Gupta, A.P.Mittal, "Optimal Algorithm For ECG Denoising using Discrete Wavelet Transform "2010, IEEE.

[7]V.S Chouhan, "Identification of wave complexes for analysis of ECG waveform", J.N.V University Jodhpur India, pp.31-37, 2007.

[8]Tao Pan,Lei, Zhang,Shumin Zhou , "Detection of ECG Characteristic Points Using Spiline Wavelet", 2010 3rd international conference on biomedical engineering and informatics9BMEI 2010, IEEE.

[9]D.Benitez, P.A.Gaydecki, A.Zaidi, .A.P. Fitzpatrick. "The use of Hilbert Transform in ECG Signal Analysis," Computers in biology and Medicine, vol.31, pp.399-406, sept2001.

[10]J Pan e W.J.Tompkins, "A Real-Time QRS Detection Algorithm", IEEE, Trans.Biomed.Eng. vol.32, pp.230-236, 1985.

[11]Y.Zehang e G.Hu, "QRS complex detection by the combination of modulus maxima pair and zero crossing point of wavelet transform," in the proc.of the 20th annual conference of IEEE ENG *in* Medicine and Biology society,vol.20,pp.155-156-,0ct 1998.

[12]Ken Freeman e Avtaar Singh, "P wave Detection of Ambulatory ECG", Conferência Internacional Anual da IEEE Engineering in Medicine and Biology Society.Vol.13, No.2, 1991.

[13] CLASSIFICAÇÃO DE BATIMENTOS DE ECG USANDO COEFICIENTES DISCRETOS DE WAVELETA. Adib 1, M.A. HaqueUniversidade de Engenharia e Tecnologia do Bangladesh, Dhaka.

[14]Análise de ECG utilizando a transformada wavelet: aplicação à deteção de isquemia miocárdica por P. Ranjith a, P.C. Baby a, P. Joseph b, 29 de janeiro de 2003.ITBM-RBM 24(2003).

[15]UMA ABORDAGEM CONTEMPORÂNEA PARA A COMPRESSÃO DE SINAL DE ECG UTILIZANDO TRANSFORMAÇÕES DE WAVELET Pranob K Charles1, Rajendra Prasad K.Signal & Image Processing : An International Journal(SIPIJ) Vol.2, No.1, March 2011,DOI : 10.5121/sipij.2011.2113 178.

[16]PROCESSAMENTO DE SINAIS DE ECG ATRAVÉS DE ONDAS Gordan Cornelia, Reiz Romulus

Universidade de Oradea: Departamento de Eletrónica, Faculdade de Engenharia Eléctrica. Global Journal of Computer Science and Technology Vol. 10 Issue 5 Ver. 1.0 julho de 2010.

[17]Deteção de ondas QRS utilizando análise multiresolução S.Karpagachelvi1 Dr.M.Arthanari, Prof. & Head2 M.Sivakumar3.DOI 10.1007/s13534-011-0016-9.

[18]Automatic Detection of ECG R-R Interval using Discrete Wavelet TransformationVanisree K International Journal on Computer Science and Engineering (IJCSE).

Bibliografia

www.mathworks.in

www.sciencedirect.com

www.ieeexplore.ieee.org

http://www.mathworks.in/company/events/seminars/seminar60772.htmlhttp://cseweb.ucsd.edu/~baden/Doc/wavelets/polikar_wavelets.pdf

http://cseweb.ucsd.edu/~baden/Doc/wavelets/qiao_wavelet_intro.pdfhttp://www.mathworks.fr/matlabcentral/newsreader/view_thread/308538 http://www.cardionetics.com/cardiology/ecg-waveforms.phphttp://www.sh.lsuhsc.edu/fammed/OutpatientManual/BasicECG.htm

http://en.wikipedia.org/wiki/Electrocardiography http://www.ecglibrary.com/ecghome.html

http://www.emedicinehealth.com/electrocardiogram_ecg/article_em.htmhttp://ecg.bidmc.harvard.edu/maven/mavenmain.asp http://www.medtronic.com.au/your-health/index.htm

www.medicinenet.com

Apêndice

A. Semelhança entre a transformada de Fourier e a transformada de Wavelet:

a) A transformada rápida de Fourier (FFT) e a transformada discreta de wavelet (DWT) são ambas operações lineares que geram uma estrutura de dados que contém log2 n segmentos de vários comprimentos.

(b) As propriedades matemáticas das matrizes envolvidas nas transformações também são semelhantes. A matriz de transformação inversa, tanto para a FFT como para a DWT, é a transposição da original. Como resultado, ambas as transformações podem ser vistas como uma rotação no espaço de funções para um domínio diferente. Para a FFT, esse novo domínio contém funções de base que são senos e cossenos. Para a transformada wavelet, este novo domínio contém funções de base mais complicadas chamadas wavelets, mother wavelets ou wavelets de análise.

(c) Ambas as transformações têm outra semelhança. As funções de base estão localizadas em frequência, o que faz com que ferramentas matemáticas como os espectros de potência (quanta potência está contida num intervalo de frequência) e os gramas de escala sejam úteis para selecionar frequências e calcular distribuições de potência.

B. Dissemelhanças entre as transformadas de Fourier e Wavelet:

No entanto, existem duas diferenças principais entre a STFT e a CWT:

    (a) A largura da janela é alterada à medida que a transformada é calculada para cada componente espetral, o que é provavelmente a caraterística mais significativa da transformada wavelet. Na FT, a largura da janela tem um comprimento infinito.

    (b) A diferença mais interessante entre estes dois tipos de transformações é o facto de as funções de ondaletas individuais estarem localizadas no espaço. As funções seno e cosseno de Fourier não o são.

C. Vantagens da DWT:

1. Maior flexibilidade: A função Wavelet pode ser escolhida livremente.

2. Tem taxas de compressão mais elevadas.

3. A transformação de toda a imagem pode ser efectuada.

4. Introduz o escalonamento inerente.

5. Melhor identificação dos dados que são relevantes para a perceção humana.

D. Desvantagens da DWT:

1. O custo de computação da DWT é mais elevado.

2. A utilização de funções de base DWT ou de filtros wavelet de maior dimensão produz uma desfocagem e um ruído de anel próximo das regiões periféricas das imagens ou dos fotogramas de vídeo.

3. Tempo de compressão.

E.ECG GraphPaper Descrição:

O papel ECG é um papel milimétrico constituído por quadrados pequenos e grandes, com linhas grossas. Os quadrados mais pequenos têm um milímetro de largura e um milímetro de altura. Existem cinco quadrados pequenos entre as linhas mais grossas. O papel ECG sai da impressora a uma velocidade constante e normalizada. O papel ECG desloca-se a uma velocidade de 25 mm por segundo, 60 x 25 = 1500 mm por minuto. No papel de gráfico ECG, o tempo é medido em segundos ao longo do eixo horizontal. Cada quadrado pequeno tem 1 mm de comprimento e representa 0,04 segundos. Cada quadrado maior tem 5 mm de comprimento e, portanto, representa 0,20 segundos. A tensão ou amplitude é medida ao longo do eixo vertical. O tamanho ou amplitude de uma forma de onda é medido em mili volts ou milímetros. Um quadrado pequeno no eixo vertical é igual a 1 milímetro (mm). Quando corretamente calibrado, um sinal elétrico de um mili volt produzirá uma deflexão com exatamente 10 mm de altura. O diagrama abaixo ilustra a configuração do papel gráfico ECG e onde medir os componentes da forma de onda ECG.

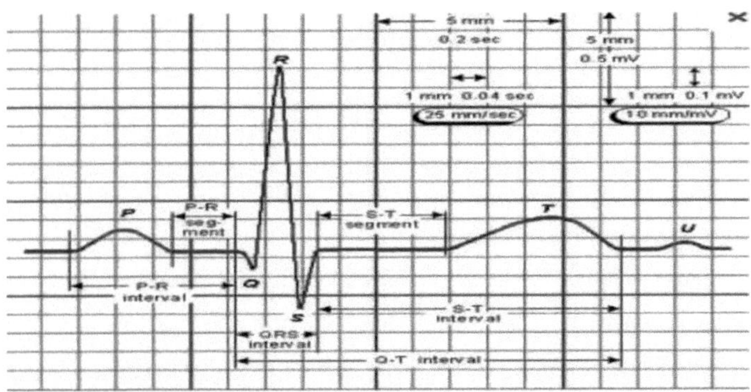

Figura 41:- Gráfico ECG

F.Doenças cardiovasculares:

1. Bradicardia:

A bradicardia é definida como um ritmo cardíaco lento ou irregular, normalmente inferior a 60 batimentos por minuto. A este ritmo, o coração não é capaz de bombear sangue rico em oxigénio suficiente para o corpo durante uma atividade normal ou exercício físico.

Causas comuns de bradicardia:

- Um defeito cardíaco hereditário
- Algumas doenças ou medicamentos para o coração
- O processo natural de envelhecimento
- Tecido cicatricial de um ataque cardíaco
- Síndrome do seio doente (ou disfunção do nó sinusal)
- O pacemaker natural do coração não está a funcionar corretamente
- Bloqueio cardíaco
- O impulso elétrico que viaja da câmara superior para a câmara inferior do coração é irregular ou está bloqueado.

Sintomas comuns:

Os sintomas de bradicardia incluem tonturas, desmaios, cansaço extremo e falta de ar.

2. Taquicardia:

A taquicardia é um ritmo cardíaco rápido ou irregular, normalmente superior a 100 batimentos por minuto, e o coração não é capaz de bombear eficazmente o sangue rico em oxigénio para o corpo. A taquicardia pode ocorrer nas câmaras superiores do coração (taquicardia auricular) ou nas câmaras inferiores do coração (taquicardia ventricular).

Causas de taquicardia:

- Doenças relacionadas com o coração, como a tensão arterial elevada (hipertensão).
- Fraco fornecimento de sangue ao músculo cardíaco devido a doença das artérias coronárias (aterosclerose), doença das válvulas cardíacas, insuficiência cardíaca, doença do músculo cardíaco (cardiomiopatia), tumores ou infecções
- Outras condições médicas, como doenças da tiroide, certas doenças pulmonares, desequilíbrio eletrolítico e abuso de álcool ou drogas.
- Stress emocional ou ingestão de grandes quantidades de bebidas alcoólicas ou com cafeína **Sintomas:**

- Falta de ar
- Tonturas
- Fraqueza súbita

- Tremor no peito
- Tonturas
- Desmaio

3. Flutter atrial:

O flutter auricular é um tipo de batimento rápido anormal (arritmia) nas câmaras superiores (aurículas) do coração. Esses batimentos rápidos impedem que os átrios empurrem todo o sangue para os ventrículos. Como resultado, os ventrículos empurram menos sangue para o corpo. O flutter auricular pode ser uma doença recorrente aguda ou crónica, que pode aumentar o risco de desenvolver coágulos sanguíneos e acidente vascular cerebral.

Causas:

- Doença cardíaca
- Ingestão de substâncias como cafeína, álcool, comprimidos para emagrecer ou certos tipos de medicamentos sujeitos a receita médica ou de venda livre que afectam os impulsos eléctricos do coração
- Stress e ansiedade

Sintomas:

- Palpitações cardíacas
- Fadiga
- Falta de ar

4. Aumento da aurícula direita:

O aumento da aurícula direita significa que a aurícula direita do coração aumentou de tamanho. A aurícula direita tem o papel de conduzir o sangue através da válvula tricúspide para o ventrículo direito. Vários factores podem provocar o aumento da aurícula direita. Um eletrocardiograma é usado para diagnosticar essa condição. Quando é observada uma onda P maior que 2,5 milímetros.

Causas:

- Doença pulmonar
- Mau funcionamento da válvula tricúspide
- Mau funcionamento da válvula mitral

5. Hipercalemia:

Tecnicamente, hipercalemia significa um nível anormalmente elevado de potássio no sangue. O nível normal de potássio no sangue é de 3,5-5,0 miliequivalentes por litro (mEq/L).

Causas:

- Disfunção renal
- Doença da glândula suprarrenal

Sintomas:

- Fraqueza muscular
- cansaço
- Náuseas
- Pulso fraco

6. Hipocalemia:

Tecnicamente, hipercalemia significa um nível anormalmente muito baixo de potássio no sangue. O nível normal de potássio no sangue é de 3,5-5,0 miliequivalentes por litro (mEq/L).

Causas:

- Disfunção renal
- Trato gastrointestinal (GI)

Sintomas:

- Fraqueza muscular
- dores musculares
- batimentos cardíacos irregulares

Printed by Books on Demand GmbH, Norderstedt / Germany